基于场景的 HTML5
网页设计与制作教程

■ 主　编　徐　萍

■ 副主编　杨德运

　　　　　禹朴勇

中国石油大学出版社
CHINA UNIVERSITY OF PETROLEUM PRESS

图书在版编目（CIP）数据

基于场景的 HTML5 网页设计与制作教程 / 徐萍主编 .
-- 青岛 : 中国石油大学出版社 , 2019.11
　　ISBN 978-7-5636-6596-9

　　Ⅰ . ① 基… Ⅱ . ① 徐… Ⅲ . ① 超文本标记语言 - 程序
设计 - 教材 Ⅳ . ① TP312.8

　　中国版本图书馆 CIP 数据核字（2019）第 245653 号

书　　名：基于场景的 HTML5 网页设计与制作教程
主　　编：徐　萍
责任编辑：魏　瑾
封面设计：赵志勇
出 版 者：中国石油大学出版社
　　　　　（地址：山东省青岛市黄岛区长江西路 66 号　邮编：266580）
网　　址：http://www.uppbook.com.cn
电子信箱：weicbs@163.com
印 刷 者：北京虎彩文化传播有限公司
发 行 者：中国石油大学出版社（电话　0532 - 86983437）
开　　本：185 mm × 260 mm
印　　张：10.5
字　　数：269 千字
版 印 次：2019 年 11 月第 1 版　2019 年 11 月第 1 次印刷
书　　号：ISBN 978-7-5636-6596-9
定　　价：29.80 元

前 言 | Preface

　　"网页设计与制作"课程是高等院校计算机及其相关专业的一门重要的基础课程,为了满足广大读者的实际应用需要,针对不同学习对象的接受能力,我们精心编写了这本《基于场景的 HTML5 网页设计与制作教程》。本书特色非常突出,全书围绕网站制作全过程,设计了多个实战场景,每个场景贯穿的主要内容包括学习目的、使用场景、知识要点、案例、练习测评和实操编程六大部分。在每一章节的编写过程中都按照场景驱动模式对涉及的知识点进行了详细讲解,让读者在具体的实战场景中体会有关网站的制作过程,以此提高学习的主动性、综合实践及创造能力。

　　本书由徐萍担任主编,杨德运、禹朴勇担任副主编,在编写过程中,竭尽所能地将最好的内容呈现给读者,但也难免有疏漏和不当之处,恳请读者批评指正。

编 者
2019 年 9 月

目 录 | Contents

1

第 1 章

HTML5 入门

互联网应用如今已成为人们日常生活中不可或缺的一部分,其中网页设计是计算机知识的重要组成部分。制作网页需要掌握的基础语言是 HTML,任何高级网站开发语言都必须以 HTML 为基础实现。本章主要介绍 HTML5 的基本概念、编写环境及方法,浏览 HTML 文件的方法,以及在使用 HTML5 时需要遵循的 Web 标准和构建网页的基本语法结构。

1.1 HBuilder 创建 "Hello,world!" 网页

1.1.1 学习目的

熟悉网页开发工具 HBuilder。

1.1.2 使用场景

开发工具 HBuilder 的使用。

1.1.3 知识要点

1.1.3.1 要点综述

从 Frontpage,Dreamweaver,UE 到 Sublime Text 和 JetBrains WebStorm,Web 编程的 IDE (集成开发环境)已经更新换代。HBuilder 是 DCloud(数字天堂)推出的一款支持 HTML5 的 Web 开发 IDE。快,是 HBuilder 的最大优势,它通过完整的语法提示和代码输入法、代码块等,大幅提升 HTML,JS,CSS 的开发效率。同时,它还包括最全面的语法库和浏览器兼容性数据。

1.1.3.2 要点细化

1. HTML5 概述

(1) HTML 的发展史。

HTML 作为一种标记语言,从诞生到今天经历了二十几载,其版本及发布日期见表 1-1。

表 1-1　HTML 发展史

版本	发布日期	说明
超文本标记语言(第一版)	1993.06	作为互联网工程工作小组(IETF)工作草案发布(并非标准)
HTML2.0	1995.11	作为 RFC 1866 发布,在 RFC 2854 于 2000 年 6 月发布之后被宣布过时
HTML3.2	1996.01	W3C 推荐标准
HTML4.0	1997.12	W3C 推荐标准
HTML4.01	1999.12	微小改进,W3C 推荐标准
ISO HTML	2000.05	基于严格的 HTML4.01 语法,是国际标准化组织和国际电工委员会的标准
XHTML1.0	2000.01	W3C 推荐标准,后来经过修订于 2002 年 8 月 1 日重新发布
XHTML1.1	2001.05	较 XHTML1.0 有微小改进
XHTML2.0 草案	没有发布	2009 年,W3C 停止了 XHTML2.0 工作组的工作
HTML5 草案	2008.01	目前的 HTML5 规范都是以草案发布,不是最终版本,标准的全部实现也许需要很长时间

(2)兼容性和存在的意义。

HTML 是广泛应用的标记语言,HTML5 版本拥有极好的兼容性,其存在也有非常重大的意义。下面就其兼容性和存在的意义进行说明。

首先来讨论一下 HTML5 的兼容性问题。HTML5 虽然具有很多新特性,但并不是颠覆性的。其兼容性主要体现为以下几点:

① HTML5 的核心理念是新特性平滑过渡,一旦遇到浏览器不支持 HTML5 的某些新功能,HTML5 就会自动以备选行为执行,以保障网页内容正常显示。

② HTML5 的语法结构依然符合传统的 HTML 语言的语法习惯。

③ HTML5 对浏览器的支持做了改善,可以使各版本浏览器都能很好地支持 HTML5 的新技术。

其次来讨论一下 HTML5 存在的意义。现存的 HTML5 之前的标记语言,已经有约二十年的历史,随着信息化的发展,总是要产生一些更好、更有利的功能,所以 HTML5 的出现是必然的。HTML5 标准的一些特性具有革命性,面对正在广泛使用的旧标准,这些新特性都遵循了过渡进化的原则。

(3)效率和用户优先。

HTML5 标准的制定是以用户优先为原则的,当遇到无法解决的冲突时,规范会把用户放在第一位,其次是网页的作者,再次是浏览器,接着是规范的制定者(W3C/WHATWG),最后才考虑理论的纯粹性。所以总体来看,HTML5 的绝大部分特性还是实用的,只是在有些情况下还不够完美。举个例子,以下三个代码,虽然格式有所不同,但是在 HTML5 中都能被正确识别:

```
id="HTML5"
id=HTML5
ID="HTML5"
```

在以上案例中，除了第一个代码外，另外两个代码的语法都不是很严格，而这种不严格的语法被广泛使用后受到了一些技术人员的反对。但是无论语法是否严格，对网页查看者来说都没有任何影响，他们只需看到想看的网页效果。为了提高 HTML5 的使用体验，还加强了以下两方面的设计。

① 安全机制的设计。

为确保 HTML5 的安全，在设计 HTML5 时做了许多针对安全的设计。HTML5 引入了一种新的基于来源的安全模式，该模式不仅易用，而且通用于各种不同的 API（应用程序编程接口）。使用这个安全模式可以做一些以前做不到的事情，不需要借助任何所谓聪明、有创意却不安全的 hack 就能跨域进行安全对话。

② 表现和内容分离。

表现和内容分离是 HTML5 设计中的另一个重要内容。HTML5 在所有可能的地方都努力进行了分离，也包括 CSS。实际上表现和内容的分离早在 HTML4 中就有设计，但是分离得并不彻底。为了避免可访问性差、代码复杂程度高、文件过大等问题，HTML5 规范中更细致、清晰地分离了表现和内容。但是考虑到 HTML5 的兼容性问题，一些旧的内容的代码还是可以兼容使用的。

（4）化繁为简。

HTML5 作为当下流行的通用标记语言，越简单实用越好，所以在设计 HTML5 时严格遵循了"简单至上"的原则，主要体现在以下几个方面：

① 新的简化字符集声明。

② 新的简化 DOCTYPE。

③ 简单而强大的 HTML5 API。

④ 以浏览器原生能力代替复杂的 JavaScript 代码。

为了实现以上这些简化操作，HTML5 规范需要比以前更加细致、更加准确，而且要比以往任何版本的 HTML 规范都要准确。任何有歧义和含糊的内容都会阻碍 HTML5 的正常推广使用。

在 HTML5 规范细化的过程中，为了避免造成误解，几乎给了所有的内容以彻底、完全的定义，特别是 Web 应用。这也使最终完成的 HTML5 规范多达 900 页以上。

基于多种改进过的、强大的错误处理方案，HTML5 具备了良好的错误处理机制。非常有现实意义的一点是，HTML5 提倡重大错误的平缓恢复，再次把最终用户的利益放在了第一位。比如页面中有错误的话，在以前可能会影响整个页面的显示，而 HTML5 不会出现这种情况，取而代之的是以标准方式显示"broken"标记。这要归功于 HTML5 中精确定义的错误恢复机制。

（5）HTML5 的革命性变化。

HTML5 取代了 1999 年诞生的 HTML4.01，将成为 HTML，XHTML 以及 HTMLDOM 的新标准。HTML 语言从诞生至今经历了巨大的变化，从单一的文本显示功能到图文并茂的多媒体显示功能，经过多年的完善，已经成为一种非常好的标记语言。尤其是 HTML5 对多媒体的支持功能更强，新增了以下功能：

① 语义化标签，使文档结构明确。

② 新的文档对象模型（DOM）。

③ 实现 2D 绘图的 canvas 对象。

④ 可控媒体播放。

⑤ 离线存储。

⑥ 文档编辑。

⑦ 拖放。

⑧ 跨文档消息。

⑨ 浏览器历史管理。

⑩ MIME 类型和协议注册。

对于这些新功能,支持 HTML5 的浏览器在 HTML 代码错误的时候必须更灵活地进行处理,而那些不支持 HTML5 的浏览器将忽略 HTML5 代码。

2．HBuilder 主界面

HBuilder 主界面如图 1-1 所示。

图 1-1　HBuilder 主界面

1.1.4　案例

1.1.4.1　案例说明

使用开发工具 HBuilder 编写"Hello,world!"网页文件。

1.1.4.2　详细步骤

步骤 1:启动 HBuilder,单击"文件"菜单 →"新建" →"Web 项目"选项,如图 1-2 所示,打开"创建 Web 项目"窗口。

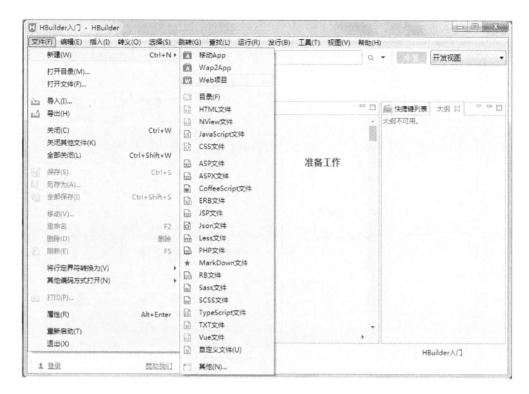

图 1-2 "HBuilder 入门"主界面

步骤 2：在"项目名称"栏中输入"HTML5"，在"位置"栏中输入保存位置，如图 1-3 所示。

图 1-3 "创建 Web 项目"窗口

步骤 3：单击"完成"按钮，创建项目"HTML5"，如图 1-4 所示。

步骤 4：单击"文件"菜单→"新建"→"HTML 文件"选项，打开"创建文件向导"窗口，如图 1-5 所示。选择文件所在目录"HTML5"，文件名为"helloworld.html"，选择模板"html5"，单击"完成"按钮。

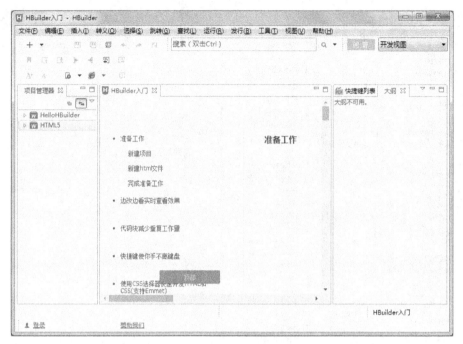

图 1-4　项目"HTML5"

图 1-5　"创建文件向导"窗口

步骤 5：修改 HTML 文档，修改 HTML 文档标题，在代码 <title> 标签中添加文本"使用 HBuilder 编写的网页"，在 <body> 标签中输入"Hello,world!"。完整的 HTML 代码如下：

<!DOCTYPE html>

<html>

<head>

　<meta charset="UTF-8">

```
<title> 使用 HBuilder 编写的网页 </title>
</head>
<body>
   Hello,world!
</body>
</html>
```

步骤 6：单击"文件"菜单 → "保存"。使用浏览器 Firefox 预览效果，如图 1-6 所示。

图 1-6　预览效果

1.1.5　练习测评

HBuilder 的优点是＿＿＿＿＿＿。

1.1.6　实操编程

尝试使用 HBuilder 编写一个简单的网页。

1.2　搭建支持的浏览器环境

1.2.1　学习目的

掌握搭建 Firefox 浏览器环境的方法。

1.2.2　使用场景

搭建 Firefox 浏览器环境。

1.2.3　知识要点

1.2.3.1　要点综述

显示 HTML5 页面的内容，需要 Internet Explorer 9.0 及以上版本浏览器或者 Firefox 浏览器。

1.2.3.2　要点细化

1. 各大浏览器与 HTML5 的兼容性

浏览器是网页的运行环境，因此在网页设计中一定会遇到各种浏览器。由于各个软件厂商对 HTML 的标准支持不同,所以同样的网页在不同的浏览器中会有不同的显示效果。此外,对 HTML5 新增的功能,各个浏览器的支持程度也不一致,要想很好地显示 HTML5 页面的内容,需要 Internet Explorer 9.0 及以上版本的浏览器或者 Firefox 浏览器。所以如果使用的是 Internet Explorer 之前版本的浏览器,首先要进行升级更新。如果使用的不是 Internet Explorer 浏览器,可以直接安装 Firefox 浏览器。Firefox 浏览器对系统环境要求不高,所以本场景主要介绍 Firefox 浏览器环境的搭建。

2.查看页面效果

查看 HTML 网页文件页面效果的方法非常简单,直接双击编辑好的文件即可。

网页文件可以在不同的浏览器中查看。为了测试网页的兼容性,可以在不同的浏览器中打开网页。在非默认浏览器中打开网页的方法有很多种,下面介绍两种常用的方法。

方法一:选择浏览器菜单"文件"中的"打开"菜单命令(有些浏览器的菜单项名为"打开文件"),选择要打开的网页即可。

方法二:在 HTML 文件上右击,在弹出的快捷菜单中选择"打开方式"菜单命令,单击需要的浏览器。如果浏览器没有出现在快捷菜单中,可选择"选择程序"选项,在计算机中查找浏览器程序。

3.查看源文件

在打开的页面空白处右击,在弹出的快捷菜单中选择"查看页面源代码"菜单命令。

1.2.4 案例

1.2.4.1 案例说明

搭建 Firefox 浏览器环境。

1.2.4.2 详细步骤

步骤 1:运行 Firefox 安装文件,弹出安装向导,单击"下一步"按钮,如图 1-7 所示。

图 1-7 安装向导第一步

步骤 2:打开"安装类型"窗口,选择"典型"单选按钮,单击"下一步"按钮,如图 1-8 所示。

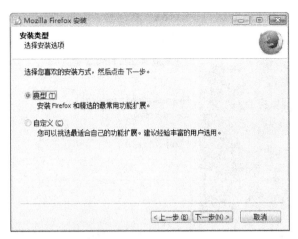

图 1-8　安装向导第二步

步骤 3：打开"概述"窗口，设置安装路径，并选中"让 Firefox 作为我的默认浏览器"复选框，单击"下一步"按钮，如图 1-9 所示。

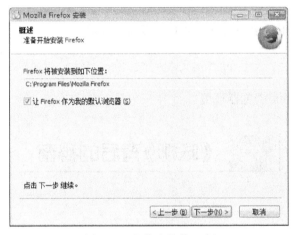

图 1-9　安装向导第三步

步骤 4：打开"正在安装"窗口，下载必要的安装组件，并执行安装，如图 1-10 所示。

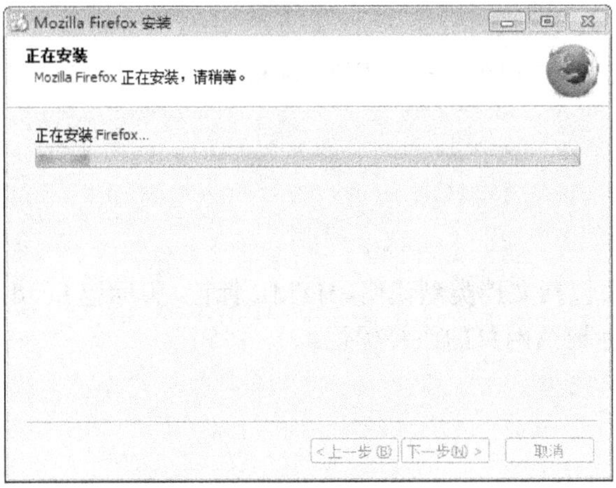

图 1-10　安装向导第四步

步骤 5：安装完成，选中"立即运行 Firefox"复选框，单击"完成"按钮，如图 1-11 所示。

图 1-11　安装向导第六步

1.2.5　练习测评

列举至少两种可用于显示 HTML5 页面内容的浏览器。

1.2.6　实操编程

尝试自己搭建 Firefox 浏览器环境。

1.3　《咏柳》背后的秘密

1.3.1　学习目的

掌握 HTML5 的基本结构，学会制作符合 W3C 标准的网页。

1.3.2　使用场景

制作一个符合 W3C 标准的网页——唐诗《咏柳》。

1.3.3　知识要点

1.3.3.1　要点综述

HTML5 的基本语法包括文档类型说明、HTML 标记、头标记 head、标题标记 title、元信息标记 meta、网页的主体标记及网页的注释标记。

1.3.3.2　要点细化

1．Web 标准

在 Web 技术成为主流的今天，开发人员日益增多，各种类型和版本的浏览器也越来越多，网页的兼容性成为开发人员最头疼的问题。为了解决这一问题，W3C 和其他标准化组织制定了一系列的规范，下面介绍 Web 标准的优点和 Web 标准规定的内容。

（1）Web 标准的优点。

① 对于访问者来说，其优点如下：

◆ 文件下载与页面显示速度更快。

◆ 内容能被更多的用户（包括失明、视弱、色盲等残障人士）访问。

◆ 内容能被更广泛的设备（包括屏幕阅读机、手持设备、打印机等）访问。

◆ 用户能够通过样式选择定制自己的表现界面。

◆ 所有页面都能提供适于打印的版本。

② 对于网站所有者来说，其优点如下：

◆ 更少的代码和组件，容易维护。

◆ 带宽要求降低（代码更简洁），成本降低。

◆ 更容易被搜索引擎搜索到。

◆ 改版方便，不需要变动页面内容。

◆ 提供打印版本而不需要复制内容。

◆ 提高网站易用性。在美国，有严格的法律条款（Section 508）来约束政府网站必须达到一定的易用性，其他国家也有类似的要求。

（2）Web 标准规定的内容。

Web 标准不是某一个标准，而是一系列标准的集合。网页主要由三部分组成，即结构（structure）、表现（presentation）和行为（behavior）。对应的标准也分为三个方面：结构化标准，主要包括 XHTML 和 XML；表现标准，主要包括 CSS；行为标准，主要包括对象模型，如 W3CDOM，ECMAScript 等。这些标准大部分由 W3C 起草和发布，也有一些是其他标准组织制定的，比如 ECMAScript 标准是由 ECMA（European Computer Manufacturers Association）制定的。

2．HTML 标记

HTML 标记代表文档的开始。以 <html> 开头，以 </html> 结尾，所有内容写在两者之间。语法格式如下：

```
<html>
...
</html>
```

3．头标记 head

头标记 head 用于说明文档头部相关的信息，包括标题信息、元信息、脚本代码等。此标记以 <head> 开头，以 </head> 结尾。注意，定义在 HTML 头部的内容不会在网页上直接显示。语法格式如下：

```
<head>
...
</head>
```

4．标题标记 title

在 HTML 文档中，标题信息设置在 <title> 和 </title> 之间，以 <title> 开头，以 </title>

结尾。预览网页时,设置的标题在浏览器的左上方标题栏中显示。语法格式如下:

<title>

...

</title>

5．元信息标记 meta

<meta> 标签出现在网页的头部,提供有关网页的信息,比如针对搜索引擎和更新频度的描述和关键词。有时在网上冲浪时,有些网页中的文字是乱码,这是怎么回事呢？其实是因为 <meta> 标签中的 charset 属性没有正确地设置编码语系。如果正确设置了网页语言的编码方式,浏览器就会正确地显示网页中的内容,而不会出现乱码。<meta> 标签提供的属性及取值见表 1-2。

表 1-2 <meta> 标签提供的属性及取值

属性	取值	意义
charset	character encoding	定义文档字符编码
http-equiv	content-type	把 content 属性关联到 HTTP 头部
	expires	
	refresh	
	set-cookie	
name	author	为菜单定义一个可见的标注
	description	
	keywords	
	generator	
	revised	
	others	
content	some_text	定义与 http-equiv 或 name 属性相关的元信息

各属性用法如下:

（1）设置字符集的类型。字符集 charset 属性用于设置字符集的类型。国内经常要显示汉字,通常设置为简体中文 GB 2312 和 UTF-8 两种字符集,英文通常为 ISO-8859-1 字符集。代码如下:

<meta charset="ISO-8859-1">

（2）标注作者。代码如下:

<meta name="author" content="lucy"/>

（3）页面描述,用来简略描述网页的主要内容,通常是搜索引擎在搜索结果页面上展示给最终用户看的一段文字片段。代码如下:

<meta name="description" content="HTML5 基础教程 "/>

（4）搜索引擎的关键词,指定关于此网页的关键词。有些搜索引擎以这些关键词来搜索和排序结果,代码如下:

<meta name="keywords" content="HTML,CSS,JavaScript"/>

（5）页面定时跳转,通过将 http-equiv 属性值设置为 refresh 来实现网页在经过一定时间

后自动刷新。例如,实现每 5 秒刷新一次页面的代码如下:

```
<meta http-equiv="refresh" content="5">
```

6．网页的主体标记

网页要显示的内容全放在主体标记内。主体标记以 <body> 开始,以 </body> 结束,注意,在构建 HTML 结构时,标记不允许交叉出现,正确的语法格式如下:

```
<body>
…
</body>
```

7．标记的分类

HTML5 中的标记分为单标记和双标记。所谓单标记是指没有结束标记的标签。双标记是指既有开始标记,又有结束标记的标签。对于不允许写结束标记的元素,只允许使用 "< 元素 />" 的形式进行书写。例如 "
…</br>" 的书写方式是错误的,正确的书写方式为 "<br/>"。当然,在 HTML5 之前的版本中,"<br>" 这种书写方法可以被沿用。HTML5 中不允许写结束标记的元素包括 area, base, br, col, command, embed, hr, img, input, keygen, link, meta, param, source, track, wbr。对于部分双标记,可以省略结束标记。HTML5 中允许省略结束标记的元素包括 1i, dt, dd, p, rt, rp, optgroup, option, colgroup, thead, tbody, tfoot, tr, td, th。HTML5 中有些元素还可以被完全省略,即使这些标记被省略了,该元素还是以隐式的方式存在。HTML5 中允许省略全部标记的元素有 html, head, body, colgroup, tbody。

1.3.4 案例

1.3.4.1 案例说明

制作一个符合 W3C 标准的网页——咏柳。通过编辑此网页,让大家熟悉 HTML5 的基本语法结构。

1.3.4.2 详细步骤

步骤 1:启动 HBuilder,新建 HTML5 文档。

步骤 2:编写源代码。

```
<!DOCTYPE html>
<html>
<head>
    <meta charset="UTF-8"/>
    <title>HTML5 标准网页设计 </title>
</head>
<body>
    <!-- 作者 : 贺知章 -->
    <h1> 咏柳 </h1>
    <p>
        碧玉妆成一树高,万条垂下绿丝绦。<br>
        不知细叶谁裁出,二月春风似剪刀。<br>
```

```
    </p>
  </body>
</html>
```

步骤 3：保存网页，在 Firefox 中预览效果，如图 1-12 所示。

图 1-12　预览效果

1.3.5　练习测评

（1）_____标记代表文档的开始。

（2）_____标记用于说明文档头部相关的信息。

（3）标题标记以_____开始，以_____结束。

1.3.6　实操编程

编写一个符合 W3C 标准的 HTML5 网页——望庐山瀑布，其中标题为"望庐山瀑布"，主体为"日照香炉生紫烟，遥看瀑布挂前川。飞流直下三千尺，疑是银河落九天。"

第 2 章

HTML5 改进详解

HTML5 作为最新的标记语言，与旧版的 HTML 标记语言相比变化较大。在未来的网站开发中，它将作为最常用的标记语言，所以本章主要讲解 HTML5 新增的内容及改进的地方。

2.1 HTML5 的语法改进

2.1.1 HTML5 的语法变化

HTML5 与 HTML4 相比在语法上的变化之大超出了很多人的想象，那么如此大的变化会不会给 HTML5 取代已经普及的 HTML4 带来阻碍呢？答案是否定的。首先，HTML5 语法上的变化并不是直接的颠覆。其次，它的变化正是因为在 HTML5 之前几乎没有符合标准规范的 Web 浏览器。虽然 HTML5 的语法是在 SGML 语言的基础上建立起来的，但是 SGML 的语法非常复杂，所以很多浏览器都不包含 SGML 的分析器。因此，各浏览器之间并不是遵从 SGML 语法的，而是各自针对 HTML 解析的。这样就使浏览器和程序之间的兼容性和可操作性具有很大的局限性，开发者的努力最终也会因为浏览器的这个缺陷而大打折扣。所以提高各浏览器之间的兼容性是一项非常重要的工作。HTML5 的语法在修改时，就围绕 Web 浏览器兼容标准的问题重新定义了一套语法，使它运行在各浏览器中时，各浏览器都能够符合这个通用标准。为此，HTML5 推出了详细的语法解析分析器，部分最新版本的浏览器已经开始封装该分析器，使各浏览器的语法兼容变为可能。

2.1.2 HTML5 中的标记方法

下面介绍 HTML5 中的标记方法，其中包含三个方面的内容：内容类型、DOCTYPE 声明和指定字符编码。

2.1.2.1 内容类型

HTML5 文件的扩展名和原有的 HTML 文件一致，即仍然采用 ".html" 或 ".htm"，内容类型仍然为 "text/html"。

2.1.2.2 DOCTYPE 声明

DOCTYPE 声明是 HTML 文件中必不可少的,位于文件的第一行。

HTML4 中的声明方法如下:

`<!DOCTYPE html PUBLIC "-//W3C//DTD XHTML 1.0 Transitional//EN" "http://www.w3.org/TR/xhtml1/DTD/xhtml1-transitional.dtd">`

而在 HTML5 中,为了兼容性刻意不使用版本声明,这样一份文档将适用于所有版本的 HTML。HTML5 中的 DOCTYPE 声明方法如下:

`<!DOCTYPE html>`

2.1.2.3 指定字符编码

在 HTML4 中,使用 meta 元素的形式指定文件中的字符编码,具体代码如下:

`<meta http-epuiv="Content-Type" content="text/html;charset=UTF-8">`

在 HTML5 中和在 HTML4 中相似,可以适当简化,直接追加 charset 属性来指定字符编码,具体代码如下:

`<meta charset="UTF-8">`

在 HTML5 中,推荐使用 UTF-8 字符编码。

2.1.3 版本兼容性

HTML5 需要一个慢慢使用和推广的过程,不可能迅速取代旧版的 HTML 语言,所以 HTML5 的语法设计需要保证与之前的 HTML 语法达到最大程度的兼容。下面从元素标记的省略、具有 boolean 值的属性、引号的省略这些方面详细介绍 HTML5 是如何确保与之前版本的 HTML 兼容的。

2.1.3.1 元素标记的省略

在 HTML5 中,部分元素的标记是可以省略的。根据省略情况不同,元素可以分为"不允许写结束标记的元素""可以省略结束标记的元素"和"可以省略全部标记的元素"三种类型。HTML5 中元素的归类见表 2-1(其中包括 HTML5 中的新元素)。

表 2-1 元素归类

类别	元素名
不允许写结束标记的元素	area, base, br, col, command, embed, hr, img, input, keygen, link, meta, param, source, track, wbr
可以省略结束标记的元素	li, dt, dd, p, rt, rp, optgroup, option, colgroup, thead, tbody, tfoot, tr, td, th
可以省略全部标记的元素	Html, head, body, colgroup, tbody

2.1.3.2 具有 boolean 值的属性

对于具有 boolean 值的属性,如果只写属性而不指定属性值,则表示属性值为 true。如果想要将属性值设为 false,可以不使用该属性,如 disabled 与 readonly 等。另外,要想将属性值设定为 true,也可以将属性名设定为属性值,或将空字符串设定为属性值。属性值的设定方法如下:

(1)只写属性而不写属性值,代表属性值为 true。

```
<input type="checkbox"checked>
```
（2）不写属性，代表属性值为 false。
```
<input type="checkbox">
```
（3）属性值 = 属性名，代表属性值为 true。
```
<input type="checkbox" checked="checked">
```
（4）属性值 = 空字符串，代表属性值为 true。
```
<input type="checkbox" checked="">
```

2.1.3.3　引号的省略

在 HTML5 中指定属性值的时候，属性值两边既可以用双引号，也可以用单引号，还可以省略引号。省略引号的前提是属性值不包括空字符串、"<"、">"、"="、单引号、双引号等字符。代码如下：
```
<input type="text">
<input type=text>
```

2.2　新增和被废除的元素

2.2.1　新增的结构元素

在 HTML5 中，新增了几种与结构相关的元素：section 元素、article 元素、aside 元素、header 元素、hgroup 元素、footer 元素、nav 元素和 figure 元素。

2.2.1.1　section 元素

<section> 标签定义文档中的某个区域，比如章节、头部、底部或文档中的其他区域。它可以与 h1，h2，h3，h4，h5，h6 等元素结合起来使用，标识文档结构。<section> 标签的代码如下：
```
<section>
    <h1>section 元素使用方法 </h1>
    <p>section 元素用于对网站或应用程序中页面上的内容进行分块。</p>
</section>
```

2.2.1.2　article 元素

<article> 标签定义外部内容。外部内容可以是来自外部新闻提供者的新文章、来自博客的文本、来自论坛的文本，或者是来自其他外部源的内容。<article> 标签的代码如下：
```
<article>
    <a href="http://www.apple.com">Safari 5 released </a><br/>
    7 Jun 2010.Just after the announcement of the new iPhone 4 at WWDC,Apple
announced the release of Safari 5 for Windows and Mac…
</article>
```

17

2.2.1.3 aside 元素

<aside> 标签定义 article 以外的内容。aside 的内容应该与 article 的内容有关。<aside> 标签的代码如下：

```
<p>Me and my family visited the Epcot Center this summer.</p>
<aside>
    <h4>Epcot Center</h4>
    The Epcot Center is a theme park in Disney World,Florida.
</aside>
```

2.2.1.4 header 元素

<header> 标签表示页面中一个内容区块或整个页面的标题。<header> 标签的代码如下：

```
<header>
    <h1>Welcome to my homepage</h1>
    <p>My name is XiaoMing</p>
</header>
<p>The rest of my homepage…</p>
```

2.2.1.5 hgroup 元素

<hgroup> 标签用于对标题元素进行分组。当标题有多个层级（副标题）时，<hgroup> 标签被用来对一系列 <h1> ～ <h6> 元素进行分组。

```
<hgroup>
    <h1> 文章主标题 </h1>
    <h2> 文章子标题 </h2>
</hgroup>
<p> 文章正文 </p>
```

2.2.1.6 footer 元素

<footer> 标签定义 section 或 document 的页脚。在典型情况下，该元素包含创作者的姓名、文档的创作日期以及 / 或者联系信息。使用 <footer> 标签设置文档页脚的代码如下：

```
<footer>This document was written in 2015</footer>
```

2.2.1.7 nav 元素

<nav> 标签定义导航链接的部分。具体代码如下：

```
<nav>
    <a href="index.asp">Home</a>
    <a href="HTML5_meter.asp">Previous</a>
    <a href="HTML5_noscript.asp">Next</a>
</nav>
```

小提示：如果文档中有前后按钮，则应该把它们放到 <nav> 标签中。

2.2.1.8 figure 元素

<figure> 标签用于表示一段独立的流内容，一般表示文档主体流内容中的一个独立单元。

<figure> 标签的代码如下：

```
<figure>
  <h1>PRC</h1>
  <p>The People′s Republic of China was born in 1949…</p>
</figure>
```

小提示：需要使用 figcaption 元素为元素组添加标题。

2.2.2　新增的 input 元素的类型

HTML5 中新增了很多 input 元素的类型，主要有 url，number，range，email 和 date pickers 等。具体内容介绍如下。

2.2.2.1　url

该类型表示必须输入 URL 地址的文本输入框。

2.2.2.2　number

该类型表示必须输入数值的文本输入框。

2.2.2.3　range

该类型表示必须输入一定范围数值的文本输入框。

2.2.2.4　email

该类型表示必须输入 E-mail 地址的文本输入框。

2.2.2.5　date pickers

HTML5 拥有多个可供选取日期和时间的新型文本输入框。

（1）date：选取日、月、年。

（2）month：选取月、年。

（3）week：选取周、年。

（4）time：选取时间（小时和分钟）。

（5）datetime：选取时间、日、月、年（UTC 时间）。

（6）datetime-local：选取时间、日、月、年（本地时间）。

2.2.3　新增的其他元素

除了结构元素外，在 HTML5 中还新增了其他元素，如 video 元素、audio 元素、embed 元素、mark 元素、progress 元素、time 元素等十几个。具体内容介绍如下。

2.2.3.1　video 元素

video 元素定义视频，如电影片段或其他视频流。

HTML5 中的代码示例：

```
<video src="movie.ogg" controls="controls">video 元素 </video>
```

2.2.3.2　audio 元素

audio 元素定义音频，如音乐或其他音频流。

HTML5 中的代码示例：

`<audio src="audio.wav" controls="controls">audio 元素 </audio>`

2.2.3.3 embed 元素

embed 元素用来插入各种多媒体，格式可以是 MIDI，WAV，AIFF，AU，MP3 等。

HTML5 中的代码示例：

`<embed src="helloworld.wav"/>`

2.2.3.4 mark 元素

mark 元素主要用来向用户呈现需要突出显示或高亮显示的文字。mark 元素一个比较典型的应用就是在搜索结果中向用户高亮显示搜索关键词。

HTML5 中的代码示例：

`<p> The People´s Republic of <mark> China </mark> was born in 1949.</p>`

2.2.3.5 progress 元素

progress 元素表示运行中的进程，可以使用 progress 元素来显示 JavaScript 中耗费时间函数的进程。

HTML5 中的代码示例：

对象的下载进度：

```
<progress>
   <span id="objprogress">95</span>%
</progress>
```

这是 HTML5 中新增的功能，故无法用 HTML4 代码来实现。

2.2.3.6 time 元素

time 元素表示日期或时间，也可以同时表示两者。

HTML5 中的代码示例：

`<time>…</time>`

2.2.3.7 ruby 元素

`<ruby>` 标签定义 ruby 注释（中文注音或字符），在东亚使用，显示的是东亚字符的发音。ruby 元素由一个或多个需要解释 / 发音的字符和一个提供该信息的 `<rt>` 标签组成，还包括可选的 `<rp>` 标签，定义当浏览器不支持 ruby 元素时显示的内容。

HTML5 中的代码示例：

```
<ruby>
   汉 <rp>(</rp><rt>Han</rt><rp>)</rp>
   字 <rp>(</rp><rt>Zi</rt><rp>)</rp>
</ruby>
```

2.2.3.8 rt 元素

rt 元素表示字符（中文注音或字符）的解释或发音。

HTML5 中的代码示例：

```
<ruby>
   汉 <rt>Han</rt>
</ruby>
```

2.2.3.9 rp 元素

rp 元素在 ruby 注释中使用,以定义不支持 ruby 元素的浏览器所显示的内容。

HTML5 中的代码示例:

```
<ruby>
   汉 <rt><rp>(</rp>Han<rp>)</rp></rt>
</ruby>
```

2.2.3.10 canvas 元素

canvas 元素表示图形,如图表和其他图像。这个元素本身没有行为,仅提供一块画布,但它把一个绘图 API 展现给客户端 JavaScript,以使脚本能够把想绘制的东西绘制到这块画布上。

HTML5 中的代码示例:

```
<canvas id="myCanvas" width="300" height="200"></canvas>
```

2.2.3.11 command 元素

command 元素表示命令按钮,如单选按钮、复选框或按钮。

HTML5 中的代码示例:

```
<command type="command"> 命令按钮 </command>
```

2.2.3.12 details 元素

details 元素表示用户要求得到并且可以得到的细节信息,可以与 summary 元素配合使用。summary 元素提供标题或图例。标题是可见的,用户点击标题时,会显示出细节信息。summary 元素应该是 details 元素的第一个子元素。

HTML5 中的代码示例:

```
<details>
   <summary> 标题 </summary>
   细节信息
</details>
```

2.2.3.13 datalist 元素

datalist 元素表示可选数据的列表,与 input 元素配合使用可以制作出输入值的下拉列表。

HTML5 中的代码示例:

```
<datalist>…</datalist>
```

2.2.3.14 datagrid 元素

datagrid 元素表示可选数据的列表,以树形列表的形式来显示。

HTML5 中的代码示例:

```
<datagrid>…</datagrid>
```

2.2.3.15 output 元素

output 元素表示不同类型的输出,如脚本的输出。

HTML5 中的代码示例:

```
<output>…</output>
```

2.2.3.16 source 元素

source 元素为媒介元素(比如 <video> 和 <audio>)定义媒介资源。

HTML5 中的代码示例:

```
<source src="/statics/demosource/horse.mp3" type="audio/mpeg">
```

2.2.3.17 menu 元素

menu 元素表示菜单列表,当希望列出表单控件时使用该元素。

HTML5 中的代码示例:

```
<menu>
    <li><input type="checkbox"/>Red</li>
    <li><input type="checkbox"/>Blue</li>
</menu>
```

2.2.4 被废除的元素

由于各种原因,在 HTML 中废除了很多元素,部分元素使用 CSS 代替,只有部分浏览器支持,还有一些元素被新的标签代替。具体内容介绍如下。

2.2.4.1 只有部分浏览器支持的元素

有很多元素只有部分浏览器支持,如 bgsound 元素只被 Internet Explorer 所支持,这种元素在 HTML5 中被废除。同样由于此原因被废除的还有 applet,blink 和 marquee 等元素。这些被废除的元素大多有替换的元素,如 applet 元素可由 embed 元素或者 object 元素替代。

2.2.4.2 能使用 CSS 替代的元素

为了简化 HTML5 标记语言,部分纯粹为画面展示服务的功能标记元素被废除,这些元素的功能尽量放在 CSS 样式表中统一编辑。常见的有 basefont,big,center,font,s,strike,tt 和 u 等。

2.2.4.3 不再使用 frame 框架

由于 frame 框架对网页可用性存在负面影响,所以 HTML5 已不支持 frame 框架,而只支持 iframe 框架,其中 frameset 元素、frame 元素和 noframes 元素已被废除。

2.2.4.4 其他被废除的元素

除此之外,还有其他被废除的元素,这些元素大部分都有新元素替代。具体见表 2-2。

表 2-2　被废除的元素

被废除的元素	替代元素
rb	ruby
acronym	abbr
dir	ul
isindex	form 与 input 相结合
listing	pre
xmp	code
nextid	guids
plaintext	"text/plian" MIME 类型

2.3　新增和被废除的属性

2.3.1　新增的属性

新增的属性主要分为三大类：表单相关属性、链接相关属性和其他新增属性。

2.3.1.1　表单相关属性

1. autocomplete 属性

autocomplete 属性规定 form 或 input 域拥有自动完成功能。autocomplete 适用于 <form> 标签以及以下类型的 <input> 标签：text，search，url，telephone，email，password，datepickers，range 以及 color。使用 autocomplete 属性的案例代码如下：

```
<form action="demo_form.asp" method="get" autocomplete="on">
   姓名 :<input type="text" name=" 姓名 "/><br/>
   邮箱 :<input type="email" name="email" autocomplete="off"/><br/>
   <input type="submit"/>
</form>
```

2. autofocus 属性

autofocus 属性规定在页面加载时，域自动获得焦点。autofocus 属性适用于所有的 <input> 标签类型。使用 autofocus 属性的案例代码如下：

```
用户名 :<input type="text" name=" 用户名 " autofocus="autofocus"/>
```

3. form 属性

form 属性规定输入域所属的一个或多个表单。form 属性适用于所有 <input> 标签的类型，必须引用所属表单的 id。使用 form 属性的案例代码如下：

```
<form action="demo_form.asp" method="get" id="user_form">
   姓名 :<input type="text" name=" 姓名 "/>
   <input type="submit"/>
</form>
```

性别 :<input type="text" sex=" 性别 " form="user_form"/>

4. form override 属性

form override 属性允许重写 form 元素的某些属性设定,包括:

(1) formaction:重写表单的 action 属性。

(2) formenctype:重写表单的 enctype 属性。

(3) formmethod:重写表单的 method 属性。

(4) formnovalidate:重写表单的 novalidate 属性。

(5) formtarget:重写表单的 target 属性。

form override 属性适用于 submit 和 image 类型的 <input> 标签。

5. height 和 width 属性

height 和 width 属性规定用于 image 类型 <input> 标签的图像高度和宽度。height 和 width 属性只适用于 image 类型的 <input> 标签。

<input type="image" src="/image/ 按钮 .jpg" width="99" height="99"/>

6. 1ist 属性

list 属性规定输入域的 datalist。datalist 是输入域的选项列表。list 属性适用的 <input> 标签类型为:text,search,url,telephone,email,date pickers,number,range 以及 color。

使用 list 属性的案例代码如下:

主页 :<input type="url" list="url_list" name="link"/>

<datalist id="url_list">

  <option label="W3Schools" value="http://www.w3school.com.cn"/>

  <option label="baidu" value="http://www.baidu.com"/>

  <option label="Microsoft" value="http://www.microsoft.com"/>

</datalist>

7. min,max 和 step 属性

min,max 和 step 属性用于为包含数字或日期的 input 类型规定限定(约束)。min 属性规定输入域所允许的最小值;max 属性规定输入域所允许的最大值;step 属性为输入域规定合法的数字间隔(如 step="3",则合法的数是 -3,0,3,6 等)。min,max 和 step 属性适用的 <input> 标签类型为:date pickers,number 以及 range。下面列举一个显示数字域的例子,具体代码如下:

points:<input type="number" name="points" min="O" max="10"step="3"/>

8. multiple 属性

multiple 属性规定输入域中可选择多个值。multiple 属性适用的 <input> 标签类型为:email 和 file。使用 multiple 属性的案例代码如下:

select images:<input type="file" name="img" multiple="multiple"/>

9. pattern (regexp)属性

pattern 属性规定用于验证 input 域的模式。模式是正则表达式。pattern 属性适用的 <input> 标签类型为:text,search,url,telephone,email 以及 password。

电话区号 :<input type="text" name="country_code" pattern="[A-z]{3}" title="Three letter country code"/>

10. placeholder 属性

placeholder 属性提供一种提示，描述输入域所期待的值。placeholder 属性适用的 <input> 标签类型为：text，search，url，telephone，email 以及 password。使用 placeholder 属性的案例代码如下：

<input type="search" name="user_search" placeholder="Search W3School"/>

11. required 属性

required 属性规定必须在提交之前填写输入域（不能为空）。required 属性适用的 <input> 标签类型为：text，search，url，telephone，email，password，date pickers，number，checkbox，radio 以及 file。使用 required 属性的案例代码如下：

name:<input type="text" name="user_name" required="required"/ >

2.3.1.2 链接相关属性

新增的与链接相关的属性如下。

1. media 属性

HTML5 为 a 与 area 元素增加了 media 属性。该属性规定目标 URL 是为什么类型的媒介 / 设备进行优化的，只能在 href 属性存在时使用。

2. type 属性

HTML5 为 area 元素增加了 type 属性。该属性规定目标 URL 的 MIME 类型，仅在 href 属性存在时使用。

3. sizes 属性

HTML5 为 link 元素增加了新属性 sizes。该属性可以与 icon 元素结合使用（通过 rel 属性），指定关联图标（icon 元素）的大小。

4. target 属性

HTML5 为 base 元素增加 target 属性。该属性的主要目的是保持与 a 元素的一致性。

2.3.1.3 其他新增属性

除了以上介绍的与表单和链接相关的属性外，HTML5 还增加了其他属性，见表 2-3。

表 2-3　HTML5 的其他新增属性

属性	隶属的元素	意义
reversed	ol	指定列表倒序显示
charset	meta	为文档字符编码的指定提供一种良好的方式
type	menu	让菜单可以以上下文菜单、工具条与列表菜单三种形式出现
label	menu	为菜单定义一个可见的标注
scoped	style	用来规定样式的作用范围，如只对页面上的某个树起作用
async	script	定义脚本是否异步执行
manifest	html	开发离线 Web 应用程序时与 API 结合使用，定义一个 URL，在这个 URL 上描述文档的缓存信息
sandbox, srcdoc, seamless	iframe	用来提高页面的安全性，防止不信任的 Web 页面执行某些操作

2.3.2 全局属性

2.3.2.1 contentEditable 属性

contentEditable 属性是 HTML5 新增的标准属性,其主要功能为指定是否允许用户编辑内容。该属性有两个值:true 和 false。为内容指定 contentEditable 属性值为 true 表示可以编辑,false 表示不可以编辑。如果没有指定值则采用隐藏的 inherit(继承)状态,即如果元素的父元素是可编辑的,则该元素就是可编辑的。下面列举一个使用 contentEditable 属性的示例,具体代码如下:

```
<!DOCTYPE html>
<head>
    <title>contentEditable 属性示例 </title>
</head>
<body>
    <h3> 以下内容为可编辑内容 </h3>
    <ol contentEditable="true">
        <li> 第一项 </li>
        <li> 第二项 </li>
        <li> 第三项 </li>
    </ol>
</body>
</html>
```

使用 Firefox 浏览器查看网页内容,打开后可以在网页中输入相关内容,效果如图 2-1 所示。

图 2-1 预览效果

小提示:对内容进行编辑后,如果关闭网页,则编辑的内容将不会被保存。如果想要保存其中的内容,只能把该元素的 innerHTML 发送到服务器端。

2.3.2.2 designMode 属性

designMode 属性用来指定整个页面是否可编辑。该属性包含两个值:on 和 off。属性值被指定为 on 时,页面可编辑;被指定为 off 时,页面不可编辑。当页面可编辑时,页面中任何支持上文所述的 contentEditable 属性的元素都变成了可编辑状态。

designMode 属性不能直接在 HTML5 中使用,而只能在 JavaScript 脚本里被编辑修改。使用 JavaScript 脚本来指定 designMode 属性的命令如下:

document.designMode="on"

2.3.2.3　hidden 属性

hidden 对象代表一个 HTML 表单中的某个隐藏输入域。这种类型的输入元素实际上是隐藏的。这个不可见的表单元素的 value 属性保存了一个要提交给 Web 服务器的任意字符串。如果想要提交并非用户直接输入的数据,就用这种类型的元素。在 HTML 表单中 <input type="hidden"> 标签每出现一次,一个 hidden 对象就会被创建。可通过遍历表单的 elements[] 数组来访问某个隐藏输入域,也可以使用 document.getElementByid() 来访问。

2.3.2.4　spellcheck 属性

spellcheck 属性是 HTML5 中的新属性,规定是否对元素内容进行检查。它可对以下文本进行拼写检查:类型为 text 的 input 元素中的值(非密码)、textarea 元素中的值和可编辑元素中的值。具体代码如下:

```
<!DOCTYPE html>
<html>
<head>
    <title>spellcheck 属性 </title>
</head>
<body>
    <p contentEditable="true" spellcheck="true"> 这是可编辑的段落。</p>
</body>
</html>
```

使用 Firefox 浏览器查看网页内容,打开后可以在网页中输入相关内容,效果如图 2-2 所示。

图 2-2　预览效果

2.3.2.5　tabindex 属性

tabindex 属性可设置或返回按钮的 Tab 键控制次序。打开页面,连续按 Tab 键,会在按钮之间切换。tabindex 属性则可以记录显示切换的顺序。具体代码如下:

```
<!DOCTYPE html>
<html>
<head>
    <meta charset="UTF-8">
    <script type="text/javascript">
    function showTabIndex()
```

```
        {
            var b1=document.getElementById('b1').tabIndex;
            var b2=document.getElementById('b2').tabIndex;
            var b3=document.getElementById('b3').tabIndex;
            document.write("Tab index of Button1:" +b1);
            document.write("<br/>");
            document.write("Tab index of Button2:" +b2);
            document.write("<br/>");
            document.write("Tab index of Button3:" +b3);
            document.write("<br/>");
        }
    </script>
</head>
<body>
    <button id="b1" tabindex="1"> button1 </button> <br/>
    <button id="b2" tabindex="2"> button2 </button> <br/>
    <button id="b3" tabindex="3"> button3 </button> <br/>
    <br/>
    <input type="button" onClick="showTabIndex()" value="Show tabIndex"/>
</body>
</html>
```

使用 Firefox 浏览器打开文件，效果如图 2-3 所示。

图 2-3　预览效果

单击"Show tabIndex"键，显示出依次切换的顺序，效果如图 2-4 所示。

图 2-4　预览效果

2.3.3 被废除的属性

在 HTML5 中废除了很多不需要再使用的属性,这些属性将被其他属性或其他方案代替。
具体内容见表 2-4。

表 2-4 被废除的属性

被废除的属性	使用该属性的元素	在 HTML5 中的替代方案
rev	link, a	rel
charset	link, a	在被链接的资源中使用 HTTP content-type 头元素
shape, coords	a	使用 area 元素代替 a 元素
longdesc	img, iframe	使用 a 元素链接到较长描述
target	link	多余属性,被省略
nohref	area	多余属性,被省略
profile	head	多余属性,被省略
version	html	多余属性,被省略
name	img	id
scheme	meta	只为某个表单域使用 scheme
archive, classid, codebase, codetype, declare, standby	object	使用 data 与 type 属性类调用插件。需要使用这些属性来设置参数时,使用 param 属性
valuetype, type	param	使用 name 与 value 属性,不声明值的 MIME 类型
axis, abbr	td, th	使用以明确简洁的文字开头、后跟详述文字的形式。可以对更详细的内容使用 title 属性,使单元格的内容变得简短
scope	td	在被链接的资源中使用 HTTP content-type 头元素
align	caption, input, legend, div, h1, h2, h3, h4, h5, h6, p	使用 CSS 样式表进行代替
alink, link, text, vlink, background, bgcolor	body	使用 CSS 样式表进行代替
align, bgcolor, border, cellpadding, cellspacing, frame, rules, width	table	使用 CSS 样式表进行代替
align, char, charoff, height, nowrap, valign	tbody, thead, tfoot	使用 CSS 样式表进行代替
align, bgcolor, char, charoff, height, nowrap, valign, width	td, th	使用 CSS 样式表进行代替
align, bgcolor, char, charoff, valign	tr	使用 CSS 样式表进行代替
align, char, charoff, valign, width	col, colgroup	使用 CSS 样式表进行代替
align, border, hspace, vspace	object	使用 CSS 样式表进行代替
clear	br	使用 CSS 样式表进行代替
compact, type	ol, ul, li	使用 CSS 样式表进行代替

被废除的属性	使用该属性的元素	在 HTML5 中的替代方案
compact	dl, menu	使用 CSS 样式表进行代替
width	pre	使用 CSS 样式表进行代替
align, hspace, vspace	img	使用 CSS 样式表进行代替
align, noshade, size, width	hr	使用 CSS 样式表进行代替
align, frameborder, scrollingmargin, height	script	定义脚本是否异步执行
autosubmit	menu	

CHAPTER 3
第 3 章

网页文本设计

文字是网页中主要的常用元素。本章主要介绍在网页中使用文字和文字结构标记的方法。

3.1 录入公式

3.1.1 学习目的

掌握在网页中添加文本及特殊字符。

3.1.2 使用场景

在网页中录入"公式：$X^2 \times 8 + Y^3 \div 4 = Z$"。

3.1.3 知识要点

3.1.3.1 要点综述

在网页中录入普通文本如 X，8，＋，Y，4 等；用 <sup> 标签录入上标 2，3；录入特殊字符 ×，÷。

3.1.3.2 要点细化

1. 普通文本

普通文本是指汉字或者通过键盘可以输入的字符。普通文本可以在 HBuilder 代码窗口中的 <body> 标签部分直接输入，也可以使用复制、粘贴的方法把其他窗口中需要的文本复制过来。

2. 上下标文本

在 HTML5 中用 <sup> 标签实现上标文字的显示，用 <sub> 标签实现下标文字的显示。<sup> 和 <sub> 都是双标记，放在开始标记和结束标记之间的文本会分别以上标或下标的形式出现。

3. 特殊字符文本

在 HTML5 中，特殊符号以"&"开头，后面跟着相关字符。例如，尖括号被用于声明标记，因此如果在 HTML5 代码中出现"<"和">"字符，就不能直接输入，而需要当作特殊字符处理了。HTML5 中，用"&lt"代表符号"<"，用"&gt"代表符号">"。如果要输入公式"a>b"，则在 HTML5 代码视图中输入"a>b"。HTML5 中还有大量的这种字符，常用的特殊字符见表 3-1。

表 3-1　HTML5 中常用的特殊字符

显示	说明	HTML 编码
	半角大的空白	
	全角大的空白	
	不断行的空白	
<	小于	&lt;
>	大于	&gt;
&	& 符号	&amp;
"	双引号	&quot;
©	版权	&copy;
®	已注册商标	&reg;
™	商标（美国）	&trade;
×	乘号	&times;
÷	除号	&divide;

3.1.4　案例

3.1.4.1　案例说明

在网页中录入"公式：$X^2 \times 8 + Y^3 \div 4 = Z$"，学习普通文本、上标文本及特殊符号的录入。

3.1.4.2　详细步骤

步骤 1：启动 HBuilder，新建 HTML5 文档。

步骤 2：编写源代码。

```
<!DOCTYPE html>
<html>
<head>
  <meta charset="UTF-8"/>
  <title> 录入公式 </title>
</head>
<body>
  <p> 公式：X<sup>2</sup>&times;8+Y<sup>3</sup>&divide;4=Z</p>
</body>
```

</html>

步骤 3：使用 Firefox 打开文件，预览效果如图 3-1 所示。

图 3-1　预览效果

3.1.5　练习测评

（1）乘号在 HTML5 中的编码表示为_____。

（2）上标在 HTML5 中用_____标记实现。

3.1.6　实操编程

在网页中录入公式。

3.2　厚重的《咏柳》

3.2.1　学习目的

掌握在 HTML5 中重要文本的显示。

3.2.2　使用场景

将唐诗《咏柳》以重要文本（粗体、强调方式和加强调方式）显示。

3.2.3　知识要点

3.2.3.1　要点综述

将唐诗《咏柳》以粗体、强调方式和加强调方式显示。在 HTML5 中，用 <b> 标签、<em>标签和 <strong> 标签分别实现这三种显示方式。

3.2.3.2　要点细化

（1）粗体用 <b> 标签实现。

（2）强调方式用 <em> 标签实现。

（3）加强调方式用 <strong> 标签实现。

3.2.4 案例

3.2.4.1 案例说明

将唐诗《咏柳》中的题目"咏柳"以粗体显示,"碧玉妆成一树高,万条垂下绿丝绦。"以强调方式显示,"不知细叶谁裁出,二月春风似剪刀。"以加强调方式显示。

3.2.4.2 详细步骤

步骤 1:启动 HBuilder,新建 HTML5 文档。

步骤 2:编写源代码。

```
<!DOCTYPE html>
<html>
<head>
    <meta charset="UTF-8"/>
    <title> 厚重的咏柳 </title>
</head>
<body>
    <p><b> 咏柳 </b></p>
    <p><em> 碧玉妆成一树高,万条垂下绿丝绦。</em></p>
    <p><strong> 不知细叶谁裁出,二月春风似剪刀。</strong></p>
</body>
</html>
```

步骤 3:保存网页,在 Firefox 中预览效果,如图 3-2 所示。

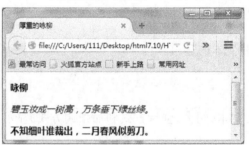

图 3-2 预览效果

3.2.5 练习测评

(1)在 HTML5 中,粗体用_____标签实现。

(2)在 HTML5 中,强调方式用_____标签实现。

(3)在 HTML5 中,加强调方式用_____标签实现。

3.2.6 实操编程

将唐诗题目"望庐山瀑布"以粗体显示,"日照香炉生紫烟,遥看瀑布挂前川。"以强调方式显示,"飞流直下三千尺,疑是银河落九天。"以加强调方式显示。

3.3 斜体《咏柳》

3.3.1 学习目的

掌握在 HTML5 中重要文本的显示。

3.3.2 使用场景

将唐诗《咏柳》以斜体显示。

3.3.3 知识要点

3.3.3.1 要点综述

将唐诗《咏柳》以斜体显示。

3.3.3.2 要点细化

斜体用 <i> 标签实现,此标签是双标记,格式为 <i>…</i>。

3.3.4 案例

3.3.4.1 案例说明

将唐诗《咏柳》以斜体显示。

3.3.4.2 详细步骤

步骤 1:启动 HBuilder,新建 HTML5 文档。
步骤 2:编写源代码。

```
<!DOCTYPE html>
<html>
<head>
  <meta charset="UTF-8"/>
  <title> 斜体咏柳 </title>
</head>
<body>
  <p><i> 咏柳 </i></p>
  <p><i> 碧玉妆成一树高,万条垂下绿丝绦。</i></p>
  <p><i> 不知细叶谁裁出,二月春风似剪刀。</i></p>
</body>
</html>
```

步骤 3:保存网页,在 Firefox 中预览效果,如图 3-3 所示。

图 3-3　预览效果

3.3.5　练习测评

（1）在 HTML5 中,斜体用＿＿＿＿标签实现。
（2）在 HTML5 中,换行用＿＿＿＿标签实现。

3.3.6　实操编程

将唐诗题目"望庐山瀑布"以粗体显示,"日照香炉生紫烟,遥看瀑布挂前川。"以强调方式显示,"飞流直下三千尺,疑是银河落九天。"以斜体方式显示。

3.4　《一封家书》

3.4.1　学习目的

掌握在 HTML5 中文本的排版。

3.4.2　使用场景

将《一封家书》进行文本排版。

3.4.3　知识要点

3.4.3.1　要点综述

文本排版《一封家书》。

3.4.3.2　要点细化

1．标题标记

在 HTML5 文档中,文本的结构除了以行和段的形式表现之外,还包括标题。通常一篇文档最基本的结构就是由若干不同级别的标题和正文组成的。HTML5 文档中包含各种级别的标题,各种级别的标题由 <h1> ～ <h6> 元素来定义,<h1> ～ <h6> 标题标记中的字母 h 是英文 "headline"（标题行）的首字母。其中 <h1> 代表 1 级标题,级别最高,文字也最大。其他标题级别依次递减,<h6> 级别最低。

2. 段落标记

段落标记是双标记,即 <p>…</p>,在 <p> 开始标记和 </p> 结束标记之间的内容形成一个段落。如果省略结束标记,那么从 <p> 标记开始,直到遇见下一个段落标记之前的文本都在一个段落内。段落标记中的字母 p 是英文单词"paragraph"(段落)的首字母,用来定义网页中的一段文本,文本在一个段落中会自动换行。

3. 换行标记

换行标记
 是一个单标记,它没有结束标记,是英文单词"break"的缩写,作用是将文字在一段内强制换行。一个
 标签代表一个换行,连续多个标记可以实现多次换行。使用换行标记时,在需要换行的位置添加
 标签即可。

3.4.4 案例

3.4.4.1 案例说明

将《一封家书》进行文本排版。

3.4.4.2 详细步骤

步骤 1:启动 HBuilder,新建 HTML5 文档。
步骤 2:编写源代码。

```
<!DOCTYPE html>
<html>
<head>
  <meta charset="UTF-8"/>
  <title> 一封家书 </title>
</head>
<body>
  <h1> 给父亲的一封信 </h1>
```

<p> 过年的时候我常常看着天空的焰火出神,我一个人傻傻地笑着,不在乎路人的眼神。想起孩提时在自家阳台上放烟花的事情,烟花突然在我手中炸开了,右手炸得黑乎乎一片,不能动弹。自那以后的每天我的手掌都奇痒难忍,搞得您也睡不好觉。母亲找来一罐健力宝让我握着才减轻了一些,那些日子我很晚才睡,大多还含着眼泪。</p>

<p> 父亲,您看我写着写着就不知道写到哪了,真是头一次写信给您,有些不习惯。在您要求我写保证书时我是抵触的,也许是落下了心理上的阴影吧。父亲,我真的没有怪过您,相反我很多时候都是在自责,习惯性地用叛逆掩饰自己的脆弱,我固执地不愿意承认我的软弱,即使是在最亲的人面前。抱歉,父亲,让您伤心了。我未能完成您一直以来的愿望,经历了中考、高考的失利我再也没有信心继续学习了,所以远离家乡的日子总是很颓废,可是您要知道我心里也不好受,对于自己我也感到了失望。</p>

<p> 然而我也是希望自己能够有出息的,父亲,请您相信我,我安静的时候一直在思考自己的出路,我想走出属于自己的一条路来,完全靠自己,不需要怜悯,但是同时我也明白,这很难。不过,我已经决定,并且确定自己会走下去了,不管有多么的艰难,我不会回头。很可能我写下的这些话您永远都不会看到,也许在我取得成功后会主动告诉您我曾经写下过这些,曾经在一个夜晚虔诚地写下了平生第一封家书。</p>

<p>父亲,外面下雪了,家里下雪了么?天气越来越冷了,注意加衣服。我会用自己的方式生活,并且生活得快乐,我还要让您以自己的意愿生活,我要满足您的一切需求,并且让您快乐。</p>

此致
 敬礼
 儿子:明明
2019 年 1 月 23 日

</body>

</html>

步骤 3:保存网页,在 Firefox 中预览效果,如图 3-4 所示。

图 3-4　预览效果

3.4.5　练习测评

（1）在 HTML5 中,标题标记为_____。

（2）在 HTML5 中,段落标记为_____。

（3）在 HTML5 中,换行标记为_____。

3.4.6　实操编程

给自己的母亲写一封家书,并进行文本排版。

3.5　格式化《一封家书》

3.5.1　学习目的

掌握在 HTML5 中对文本进行格式化。

3.5.2 使用场景

对《一封家书》进行文本格式化设置。

3.5.3 知识要点

3.5.3.1 要点综述

对《一封家书》进行文本格式化设置。

3.5.3.2 要点细化

1. 字体

font-family 属性用于指定文字字体类型,在网页中展示不同的字体,如宋体、黑体、隶书、楷体、Times New Roman 等。从语法格式上来说,font-family 有两种声明方式。

第一种设置字体的方式是使用 name 字体名称,按优先顺序排列,以逗号隔开。语法格式如下:

style="font-family: 宋体, 黑体, 隶书, 楷体 "

注意:在字体显示时,如果要指定一种特殊字体类型,而在浏览器或者操作系统中该类型不能正确获取,则可以通过 font-family 属性预置多个供页面使用的字体类型,即字体类型序列,其中各字体类型之间使用逗号隔开。如果前面的字体类型不能正确显示,则系统将自动选择后一种字体类型,依此类推。所以在设计页面时,一定要考虑字体的显示问题。为了保证页面达到预期的效果,最好列出多种字体类型,而且最好以最基本的字体类型作为序列的最后一个。其样式设置如下:

font-family: 楷体, 隶书, 黑体, 宋体

当 font-family 属性值中的字体类型由多个字符串和空格组成时,如 Times New Roman,那么该值就需要用双引号引起来。其样式设置如下:

font-family:"Times New Roman"

第二种设置字体的方式是使用所列出的字体序列名称。其样式设置如下:

font-family:cursive|fantasy|monospace|serif|sans-serif

比较常用的是第一种声明方式。

2. 字号

在 HTML5 的新规定中,通常使用 font-size 设置文字大小。其语法格式如下:

Style="font-size: 数 值 |inherit|xx-small|x-small|small|medium|large|x-large|xx-large|larger|smaller|length"

它通过数值来定义字体大小,如用"font-size:10px"的方式定义字体大小为 10 像素。此外,还可以通过 medium 之类的参数定义字体的大小。各参数含义见表 3-2。

表 3-2　定义字号参数表

参数	说明
xx-small	绝对字体尺寸,根据对象字体进行调整。最小
x-small	绝对字体尺寸,根据对象字体进行调整。较小
small	绝对字体尺寸,根据对象字体进行调整。小

参数	说明
medium	默认值。绝对字体尺寸,根据对象字体进行调整。正常
large	绝对字体尺寸,根据对象字体进行调整。大
x-large	绝对字体尺寸,根据对象字体进行调整。较大
xx-large	绝对字体尺寸,根据对象字体进行调整。最大
larger	相对字体尺寸,相对于父对象中的字体尺寸进行相对增大。使用成比例的 em 单位计算
smaller	相对字体尺寸,相对于父对象中的字体尺寸进行相对减小。使用成比例的 em 单位计算
length	百分数或由浮点数字和单位标识符组成的长度值,不可为负值。其百分比取值是基于父对象中字体的尺寸

3. 字体风格

font-style 通常用来定义字体风格,即字体的显示样式。在 HTML5 新规定中,语法格式如下:

font-style:nolmal|italic|oblique|inherit

其属性值有四个,具体含义见表 3-3。

表 3-3　定义字体风格参数表

属性值	含义
normal	默认值。浏览器会显示一个标准的字体样式
italic	浏览器会显示一个斜体的字体样式
oblique	对于没有斜体变量的特殊字体,浏览器显示一个倾斜的字体样式
inherit	规定应该从父元素继承的字体样式

4. 加粗字体

为了让文字显示出不同的外观,可以设置字体的粗细。font-weight 属性用于定义字体的粗细程度,语法格式如下:

font-weight:l00-900|bold|bolder|lighter|normal

font-weight 属性有 13 个有效值,分别是 bold, bolder, lighter, normal, 100, 200, 300, …, 900。如果没有设置该属性,则使用其默认值 normal。属性值设置为 100 ～ 900,其值越大,加粗的程度就越高。浏览器默认的标准字体粗细是 400,也可以通过参数 lighter 或 bolder 使得字体在原有的基础上显得更细或更粗。具体含义见表 3-4。

表 3-4　font-weight 属性的有效值

值	描述
bold	定义粗体字体
bolder	定义更粗的字体,相对值
lighter	定义更细的字体,相对值
normal	默认,标准字体

5. 字体颜色

通常使用 color 属性来设置字体颜色。其属性值见表 3-5。

表 3-5 color 属性值

属性值	说明
color_name	规定颜色值为颜色名称的颜色,例如 red
hex_number	规定颜色值为十六进制值的颜色,例如 #ffOO00
rgb_number	规定颜色值为 RGB 代码的颜色,例如 rgb(255,0,0)
inherit	规定应该从父元素继承的颜色
hsl_number	规定颜色值为 HSL 代码的颜色,例如 hsl(0,75%,50%),此为新增加的颜色表现方式
hsla_number	规定颜色值为 HSLA 代码的颜色,例如 hsla(120,50%,50%,1),此为新增加的颜色表现方式
rgba_number	规定颜色值为 RGBA 代码的颜色,例如 rgba(l25,10,45,0.5),此为新增加的颜色表现方式

3.5.4 案例

3.5.4.1 案例说明

对《一封家书》进行格式化设置。

3.5.4.2 详细步骤

步骤 1:启动 HBuilder,新建 HTML5 文档。

步骤 2:编写源代码。

```
<!DOCTYPE html>
<html>
<head>
    <meta charset="UTF-8"/>
    <title> 格式化家书 </title>
</head>
<body>
    <h1 style="font-family: 楷体 ;font-size:36px;color:red"> 给父亲的一封信 </h1>
    <p style="font-family: 宋体 ;font-size:18px;color:red"> 过年的时候我常常看着天空
```

的焰火出神,我一个人傻傻地笑着,不在乎路人的眼神。想起孩提时在自家阳台上放烟花的事情,烟花突然在我手中炸开了,右手炸得黑乎乎一片,不能动弹。 自那以后的每天我的手掌都奇痒难忍,搞得您也睡不好觉。母亲找来一罐健力宝让我握着才减轻了一些,那些日子我很晚才睡,大多还含着眼泪。

　　 父亲,您看我写着写着就不知道写到哪了,真是头一次写信给您,有些不习惯。在您要求我写保证书时我是抵触的,也许是落下了心理上的阴影吧。父亲,我真的没有怪过您,相反我很多时候都是在自责,习惯性地用叛逆掩饰自己的脆弱,我固执地不愿意承认我的软弱,即使是在最亲的人面前。抱歉,父亲,让您伤心了。我未能完成您一直以来的愿望,经历了中考、高考的失利我再也没有信心继续学习了,所以远离家乡的日子总是很颓废,可是您要知道我心里也不好受,对

于自己我也感到了失望。</p>

  <p style="font-family: 宋体 ;font-size:18px;color:#909"> 然而我也是希望自己能够有出息的,父亲,请您相信我,我安静的时候一直在思考自己的出路,我想走出一条属于自己的路来,完全靠自己,不需要怜悯,但是同时我也明白,这很难。不过,我已经决定,并且确定自己会走下去了,不管有多么的艰难,我不会回头。很可能我写下的这些话您永远都不会看到,也许在我取得成功后会主动告诉您我曾经写下过这些,曾经在一个夜晚虔诚地写下了平生第一封家书。</p>

  <p style="font-weight:900;font-family: 黑体 ;font-size:18px;color:#00F"> 父亲,外面下雪了,家里下雪了么? 天气越来越冷了,注意加衣服。我会用自己的方式生活,并且生活得快乐,我还要让您以自己的意愿生活,我要满足您的一切需求,并且让您快乐。</p>

  <p style="font-style:italic;font-family: 宋体 ;font-size:18px;color:#F0F"> 此致
敬礼
 儿子:明明
2019 年 1 月 23 日 </p>

  </body>

  </html>

步骤 3:保存网页,在 Firefox 中预览效果,如图 3-5 所示。

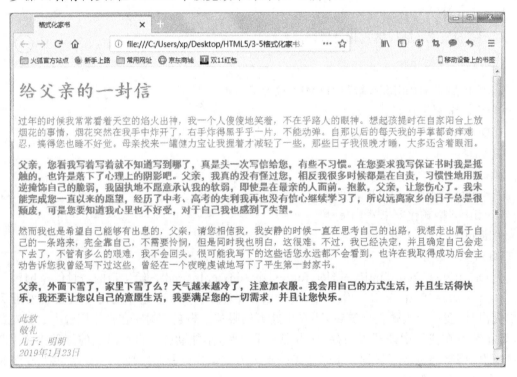

图 3-5　预览效果

3.5.5　练习测评

（1）在 HTML5 中,设置字体的属性为_____。

（2）在 HTML5 中,设置字号的属性为_____。

（3）在 HTML5 中,设置字体风格的属性为_____。

（4）在 HTML5 中,设置加粗字体的属性为＿＿＿＿＿＿。

（5）在 HTML5 中,设置字体颜色的属性为＿＿＿＿＿＿。

3.5.6　实操编程

给自己的母亲写一封家书,并进行文本格式化设置。

3.6　文本格式设置"新年快乐"

3.6.1　学习目的

掌握在网页中对文本进行字体复合属性的设置及将小写字母转换为大写字母。

3.6.2　使用场景

制作网页,在网页中实现对文本字体复合属性的设置及将小写字母转换为大写字母。

3.6.3　知识要点

3.6.3.1　要点综述

本节将详细介绍网页中文本格式的设置方法——字体复合属性的设置及将小写字母转换为大写字母。

3.6.3.2　要点细化

1. 字体复合属性

读者可以根据需要自定义字体样式、字体颜色、字体粗细、字体大小等。但是,多个属性分别书写相对比较麻烦,HTML5 中提供的 font 属性就解决了这一问题。

font 属性可以一次性使用多个属性的属性值定义文本字体。其语法格式如下:

font:font-style font-variant font-weight font-size font-family

font 属性中的属性排列顺序是 font-style,font-variant,font-weight,font-size 和 font-family,各属性的属性值之间使用空格隔开。但是,如果 font-family 属性要定义多个属性值,则需使用逗号","隔开。

属性排列中,font-style,font-variant,font-weight 这三个属性值是可以自由调换的。而 font-size 和 font-family 必须按照固定的顺序出现,且必须都出现在 font 属性中。如果这两者的顺序不对或缺少一个,则整条样式规则可能会被忽略。

2. 将小写字母转换为大写字母

font-variant 属性设置大写字母的字体显示文本,意味着所有的小写字母均会被转换为大写。但是所有使用大写字体的字母与其余文本相比,字体尺寸更小。其语法格式如下:

font-variant:normal|small-caps|inherit

其属性值见表 3-6。

表 3-6 font-variant 的属性值

属性值	说明
normal	默认值，浏览器会显示一个标准的字体
small-caps	浏览器会显示小型大写字母的字体
inherit	规定应该从父元素继承 font-variant 属性的值

3.6.4 案例

3.6.4.1 案例说明

编写 HTML 代码，实现在网页中对文本进行字体复合属性的设置。

3.6.4.2 详细步骤

步骤 1：启动 HBuilder，新建 HTML5 文档。

步骤 2：编写源代码。

```
<!DOCTYPE html>
<html>
<head>
    <meta http-equiv="content-type" content="text/html;charset=UTF-8"/>
    <title> 文本格式设置——字体复合属性及小写字母转为大写字母 </title>
    <style type="text/css">
        p{font:italic small-caps bolder 40pt "Times New Roman", 隶书 }
    </style>
</head>
<body>
    <p style="font-variant: small-caps">Happy New Year! <br/> 新年快乐！ </p>
</body>
</html>
```

步骤 3：使用 Firefox 打开文件，预览效果如图 3-6 所示，可以看出实现了对网页文本进行字体复合属性的设置。

图 3-6 预览效果

3.6.5 练习测评

（1）font 属性排列中，_____、_____ 及 _____ 这三个属性值可以自由调换。

（2）font 属性排列中，_____ 和 _____ 必须按照固定的顺序出现，还必须都出现在 font 属性中。如果这两者的顺序不对或缺少一个，则整条样式规则可能会被忽略。

3.6.6 实操编程

编写 HTML 代码，将下列文字按要求进行格式设置。

祝你生日快乐！

Happy Birthday to You!

要求：

（1）文字加粗并以斜体显示。

（2）英文显示为小型大写字母的字体。

（3）字号为 25 pt，字体为隶书。

3.7 高级设置"新年快乐"

3.7.1 学习目的

掌握在网页中对文本进行阴影、溢出及控制换行属性设置。

3.7.2 使用场景

制作网页，在网页中实现对文本进行阴影、溢出及控制换行属性设置。

3.7.3 知识要点

3.7.3.1 要点综述

本节将详细介绍网页中文本格式的设置方法——阴影、溢出及控制换行属性的设置。

3.7.3.2 要点细化

1. 阴影文本

在显示文字时，有时需要设置文字的阴影效果，以增强网页整体的吸引力，并且为文字阴影添加颜色。这时需要用到 text-shadow 属性，其语法格式如下：

text-shadow:none|<length>none|[<shadow>,]*<opacity> 或 none|<color>[,<color>]*

其属性值见表 3-7。

表 3-7　text-shadow 的属性值

属性值	说明
<color>	指定颜色
<length>	由浮点数字和单位标识符组成的长度值,可为负值,指定阴影的水平延伸距离
<opacity>	由浮点数字和单位标识符组成的长度值,不可为负值,指定模糊效果的作用距离。如果仅仅需要模糊效果,则将前两个 length 全部设定为 0

text-shadow 属性有四个属性值:第一个值表示阴影的水平位移,可取正负值;第二个值表示阴影的垂直位移,可取正、负值;第三个值表示阴影的模糊半径,该值可选;第四个值表示阴影的颜色,该值可选。具体表示如下:

text-shadow: 阴影水平位移值;阴影垂直位移值;阴影模糊半径值;阴影颜色值

2. 溢出文本

在网页中显示信息时,如果指定了显示区域的宽度,而显示信息过长,则信息会超出指定的信息区域,进而破坏整个网页的布局。如果设定的信息显示区域过长,就会影响整体的网页显示。以前遇到这样的情况,通常使用 JavaScript 将超出的信息进行省略。现在,只需使用新增的 text-overflow 属性就可以解决这个问题。

text-overflow 属性用来定义当文本溢出时是否显示省略标记,即定义省略文本的出现方式。text-overflow 属性仅仅是注释,并不具备其他样式属性的定义。要实现溢出时产生省略号的效果还需定义强制文本在一行内显示(white-space:nowrap)及溢出内容为隐藏(overflow:hidden)。

text-overflow 的语法格式如下:

text-overflow:clip|ellipsis

其属性值见表 3-8。

表 3-8　text-overflow 的属性值

属性值	说明
clip	不显示省略标志(…),只是简单地裁切
ellipsis	当对象内文本溢出时显示省略标记

这里需要特别说明的是,text-overflow 属性非常特殊,当设置的属性值不同时,浏览器对 text-overflow 属性的支持也不相同。当 text-overflow 属性值是 clip 时,现在主流的浏览器都支持;当 text-overflow 属性是 ellipsis 时,除了 Firefox 浏览器以外,其他主流浏览器都支持。

3. 控制换行

当在一个指定区域显示一整行文字时,如果文字在一行内显示不完,就需要进行换行。如果不进行换行,则会超出指定区域范围。此时我们可以采用新增加的 word-wrap 属性来控制文本换行。

word-wrap 语法格式如下:

word-wrap:normal|break-word

其属性值见表 3-9。

表 3-9　word-wrap 的属性值

属性值	说明
normal	控制连续文本换行
break-word	内容将在边界内换行。如果需要，词内换行（word-break）也会发生

3.7.4　案例

3.7.4.1　案例说明

编写 HTML 代码，实现在网页中对文本进行阴影、溢出和控制换行属性的设置。

3.7.4.2　详细步骤

步骤 1：启动 HBuilder，新建 HTML5 文档。

步骤 2：编写源代码。

```
<!DOCTYPE html>
<html>
<head>
    <meta http-equiv="content-type" content="text/html;charset=UTF-8"/>
    <title> 文本格式设置——溢出、控制换行 </title>
    <style type="text/css">
        .test_demo_clip{text-overflow:clip;overflow:hidden;white-space:nowrap;width:150px;background:#9F0;}
        .test_demo_ellipsis{text-overflow:ellipsis;overflow:hidden;white-space:nowrap;width:150px;background:#9F0;}
        div{width:150px;word-wrap:break-word;border:2px solid #F00;}
    </style>
</head>
<body>
    <p align="left" style="text-shadow:0.2em 4px 7px red;font-size:80px;">Happy New Year! <br/> 新年快乐！ </p>
    <h2>text-overflow:clip</h2>
    <div class="test_demo_clip">
    不显示省略标记，而是简单的裁切条
    </div>
    <h2>text-overflow:ellipsis</h2>
    <div class="test_demo_ellipsis">
    显示省略标记，不是简单的裁切条
    </div><br>
    <div>
```

当在一个指定区域显示一整行文字时，如果文字在一行显示不完，就需要进行换行。
    </div>

    </body>

    </html>

步骤 3：使用 Firefox 打开文件，预览效果如图 3-7 所示，可以看出实现了对网页文本的阴影、溢出和控制换行属性的设置。

图 3-7　预览效果

3.7.5　练习测评

（1）在显示文字时，有时需要给出文字的阴影效果，在 HTML5 中，可用属性_____来实现。

（2）text-overflow 属性的属性值_____表示不显示省略标志（…），而是简单地裁切；属性值_____表示当对象内文本溢出时显示省略标记。

（3）word-wrap 属性的属性值_____表示控制连续文本换行，其属性值_____表示内容将在边界内换行。

3.7.6　实操编程

编写 HTML5 代码，将下列文字按要求进行格式设置。

祝你生日快乐！Happy Birthday to You!

要求：对文字进行阴影、溢出及控制换行属性设置。

第 4 章　网页段落与图片设计

在网页中,段落与图片设计是比较常见的内容,本章主要介绍的内容有文字格式的设计、间隔、缩进、对齐方式、文字修饰等段落设计样式,以及在网页中插入图片的相关概念和方法。

4.1　一封漂亮的家书

4.1.1　学习目的

掌握在 HTML5 中对段落进行美化。

4.1.2　使用场景

对《一封家书》进行段落美化设置。

4.1.3　知识要点

4.1.3.1　要点综述

段落美化《一封家书》。

4.1.3.2　要点细化

1. 处理空白

在文本编辑中,网页中有时需要包含一些不必要的制表符、换行符或额外的空白符,这些符号统称为空白字符。通常情况下希望忽略这些额外的空白字符,浏览器可以自动完成此操作并按照一种适合窗口的方式布置文本。它会丢弃段落开头和结尾处所有额外的空白,并将单词之间的所有制表符、换行符和额外的空白压缩成单一的空白字符。此外当用户调整窗口大小时,浏览器会根据需要重新格式化文本以匹配新的窗口尺寸。对于某些元素,可能会以某种方式格式化文本以便包含额外的空白字符,而不希望抛弃或压缩它们。属性 white-space 可以设置对象内空格字符的处理方式。其语法格式如下:

white-space:normal|pre|nowrap|pre-wrap|pre-line

其属性值见表 4-1。

表 4-1　white-space 的属性值

属性值	说明
normal	默认。空白会被浏览器忽略
pre	空白会被浏览器保留。其行为方式类似于 HTML 中的 <pre> 标签
nowrap	文本不会换行，而会在同一行中继续，直到遇到 标签为止
pre-wrap	保留空白符序列，但是正常进行换行
pre-line	合并空白符序列，但是保留换行符
inherit	规定应该从父元素继承 white-space 属性值

2. 文本缩进

在网页中，可以通过指定属性来控制文本缩进。使用 text-indent 属性可以设定文本块中首行的缩进。其语法格式如下：

text-indent:length

其中，length 属性值表示有百分比数字或有由浮点数字和单位标识符组成的长度值，允许为负值。因此，此属性可以定义两种缩进方式，一种是直接定义缩进的长度，另一种是定义缩进的百分比。使用该属性，HTML 任何标记都可以使首行以给定的长度或百分比进行缩进。

3. 文本行高

在 CSS 中，可以使用 line-height 属性来设置行间距。其语法格式如下：

line-height:normal|length

其属性值见表 4-2。

表 4-2　line-height 的属性值

属性值	说明
normal	默认行高，即网页文本的标准行高
length	百分比数字或由浮点数字和单位标识符组成的长度值，允许为负值。其百分比取值是基于字体的高度尺寸

4. 水平对齐方式

在 HTML5 中，可以使用 text-align 属性完成水平对齐设置，如水平方向上的居中、左对齐、右对齐或者两端对齐等。其语法格式如下：

{text-align:sTextAlign}

其属性值见表 4-3。

表 4-3　text-align 的属性值

属性值	说明
start	文本向行的开始边缘对齐
end	文本向行的结束边缘对齐
left	文本向行的左边缘对齐。在垂直方向的文本中，文本在 left-to-right 模式下向开始边缘对齐
right	文本向行的右边缘对齐。在垂直方向的文本中，文本在 left-to-right 模式下向结束边缘对齐
center	文本在行内居中对齐
justify	文本根据 text-justify 的属性设置方法分散对齐，即两端对齐，均匀分布
match-parent	继承父元素的对齐方式，但有个例外：继承的 start 或者 end 值是根据父元素的 direction 值进行计算的，因此计算的结果可能是 left 或者 right
<string>	string 是一个单字符，否则就忽略此设置，按指定的字符进行对齐。此属性可以跟其他关键字同时使用，如果没有设置字符，则默认值是 end 方式
inherit	继承父元素的对齐方式

注：在新增加的属性值中，start 和 end 属性值主要是针对行内元素的，即在包含元素的头部或尾部显示；而 <string> 属性值主要用于表格单元格中，将根据某个指定的字符进行对齐。text-align 属性只能用于文本块，而不能直接用于图像标签 <img>。要使图像同文本一样应用对齐方式，那么就必须将图像包含在文本块中。

5．垂直对齐方式

在 CSS 中，可以使用 vertical-align 属性来设定垂直对齐方式。该属性定义行内元素的基线相对于该元素所在行的基线垂直对齐。允许指定负长度值和百分比值，这会使元素降低而不是升高。在表单元格中，这个属性会设置单元格框中单元格内容的对齐方式。其语法格式如下：

{vertical-align: 属性值 }

其属性值见表 4-4。

表 4-4　vertical-align 的属性值

属性值	说明
baseline	默认。元素放置在父元素的基线上
sub	垂直对齐文本的下标
sup	垂直对齐文本的上标
top	把元素的顶端与行中最高元素的顶端对齐
text-top	把元素的顶端与父元素字体的顶端对齐
middle	把此元素放置在父元素的中部
bottom	把元素的顶端与行中最低元素的顶端对齐
text-bottom	把元素的底端与父元素字体的底端对齐
length	设置元素的堆叠顺序
%	使用 line-height 属性的百分比来排列此元素。允许使用负值

6. 文字修饰

在 HTML5 中，可通过属性 text-decoration 来实现对段落文字进行修饰效果的设置，如添加下划线、上划线、删除线、闪烁等。其语法格式如下：

text-decoration:none|underline|blink|overline|line-through

其属性值见表 4-5。

表 4-5　text-decoration 的属性值

属性值	说明
none	默认值，不对文本进行任何修饰
underline	下划线
overline	上划线
line-through	删除线
blink	闪烁

7. 字符间隔

在 HTML5 中，通过 letter-spacing 属性可以设置文本字符之间的距离，即设置在文本字符之间插入多少空间，这里允许使用负值，会让字符之间更加紧凑。其语法格式如下：

letter-spacing:normal|length

其属性值见表 4-6。

表 4-6　letter-spacing 的属性值

属性值	说明
normal	默认，定义字符间的标准间隔
length	由浮点数字和单位标识符组成的长度值，允许为负值

4.1.4　案例

4.1.4.1　案例说明

将《一封家书》进行段落美化。

4.1.4.2　详细步骤

步骤 1：启动 HBuilder，新建 HTML5 文档。

步骤 2：编写源代码。

```
<!DOCTYPE html>
<html>
<head>
    <meta charset="UTF-8"/>
    <title> 一封漂亮的家书 </title>
</head>
<body>
    <h1 style="color:black;text-align:center;white-space:pre"> 给　父　亲　的　一
```

封　　信 </h1>

    <p style="font-family: 宋体 ; font-size:18px;color:#000;text-indent:10mm;line-height:30px; text-decoration:underline">

    过年的时候我常常看着天空的焰火出神,我一个人傻傻地笑着,不在乎路人的眼神。想起孩提时在自家阳台上放烟花的事情,烟花突然在我手中炸开了,右手炸得黑乎乎一片,不能动弹。自那以后的每天我的手掌都奇痒难忍,搞得您也睡不好觉。母亲找来一罐健力宝让我握着才减轻了一些,那些日子我很晚才睡,大多还含着眼泪。</p>

    <p style="font-family: 宋 体 ;font-size:18px;color:black;text-indent:10mm; line-height:30px; text-decoration:underline">

    父亲,您看我写着写着就不知道写到哪了,真是头一次写信给您,有些不习惯。在您要求我写保证书时我是抵触的,也许是落下了心理上的阴影吧。父亲,我真的没有怪过您,相反我很多时候都是在自责,习惯性地用叛逆掩饰自己的脆弱,我固执地不愿意承认我的软弱,即使是在最亲的人面前。抱歉,父亲,让您伤心了。我未能完成您一直以来的愿望,经历了中考、高考的失利我再也没有信心继续学习了,所以远离家乡的日子总是很颓废,可是您要知道我心里也不好受,对于自己我也感到了失望。</p>

    <p style="font-family: 宋体 ;font-size:18px;color:black;text-indent:10mm;line-height:30px; text-decoration:underline">

    然而我也是希望自己能够有出息的,父亲,请您相信我,我安静的时候一直在思考自己的出路,我想走出属于自己的一条路来,完全靠自己,不需要怜悯,但是同时我也明白,这很难。不过,我已经决定,并且确定自己会走下去了,不管有多么的艰难,我不会回头。很可能我写下的这些话您永远都不会看到,也许在我取得成功后会主动告诉您我曾经写下过这些,曾经在一个夜晚虔诚地写下了平生第一封家书。</p>

    <p style="font-family: 宋体 ;font-size:18px;color:black;text-indent:10mm;line-height:30px; text-decoration:underline">

    父亲,外面下雪了,家里下雪了么?天气越来越冷了,注意加衣服。我会用自己的方式生活,并且生活得快乐,我还要让您以自己的意愿生活,我要满足您的一切需求,并且让您快乐。</p>

    <p style="font-style:italic;text-indent:10mm;font-family: 宋体 ;font-size:18px;color:black"> 此致 </p>

    <p style="font-style:italic;text-align:left;font-family: 宋体 ;font-size:18px;color:black"> 敬礼 </p>

    <p style="font-style:italic;text-align:right;font-family: 宋体 ;font-size:18px;color:black"> 儿子:明明 </p>

    <p style="font-style:italic;text-align:right;font-family: 宋体 ;font-size:18px;color:black; letter-spacing:0.5em">2019 年 1 月 23 日 </p>

    </body>

    </html>

    步骤 3:保存网页,在 Firefox 中预览效果,如图 4-1 所示。

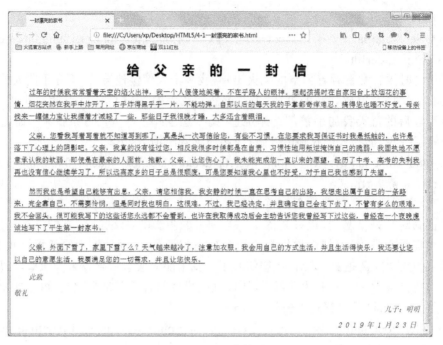

图 4-1　预览效果

4.1.5　练习测评

（1）在 HTML5 中，处理空白的属性为_____。

（2）在 HTML5 中，设置文本缩进的属性为_____。

（3）在 HTML5 中，设置文本行高的属性为_____。

（4）在 HTML5 中，设置水平对齐方式的属性为_____。

（5）在 HTML5 中，设置字符间隔的属性为_____。

4.1.6　实操编程

将写给母亲的家书进行段落美化。

4.2　段落设计"happy new year!"

4.2.1　学习目的

掌握在网页中对段落文字进行单词间隔设置及文本转换、文本反排。

4.2.2　使用场景

制作网页，在网页中实现对段落文字的单词间隔设置及文本转换、文本反排。

4.2.3　知识要点

4.2.3.1　要点综述

本节将详细介绍网页段落设计——单词间隔设置、文本转换、文本反排。

4.2.3.2　要点细化

1.　单词间隔设置

单词间隔如果设置合理,一是会为整个网页布局节省空间,二是可以给人以赏心悦目的感觉,提高阅读效率。在 CSS 中,可以使用 word-spacing 直接定义指定区域或者段落中字符的间隔。

word-spacing 属性用于设定词与词的间距,即增加或者减少词语间的间隔。其语法格式如下:

word-spacing:normal|length

其属性值见表 4-7。

表 4-7　word-spacing 的属性值

属性值	说明
normal	默认,定义单词间的标准间隔
length	定义单词之间的固定宽度,可以接受正值或负值

2.　文本转换

在 HTML5 中,可通过属性 text-transform 来进行文本字母大小写的转换,实现将小写字母转换成大写字母,或将大写字母转换成小写字母。其语法格式如下:

text-transform:none|capitalize|uppercase|lowercase

其属性值见表 4-8。

表 4-8　text-transform 的属性值

属性值	说明
none	无转换发生
capitalize	将每个单词的第一个字母转换成大写,其余无转换发生
uppercase	转换成大写
lowercase	转换成小写

3.　文本反排

在文本编辑中,如果文档中某一段的多个部分包含从右至左阅读的语言,则该语言的显示方向应为从右至左。使用 unicode-bidi 和 direction 两个属性可以解决文本反排的问题。属性 unicode-bidi 的语法格式如下:

unicode-bidi:normal|bidi-override|embed

其属性值见表 4-9。

表 4-9 unicode-bidi 的属性值

属性值	说明
normal	默认值。元素不会打开额外的嵌入级别。对于内联元素,隐式的重新排序将跨元素边界起作用
embed	元素将打开一个额外的嵌入级别。direction 属性的值指定嵌入级别。重新排序在元素内是隐式进行的
bidi-override	与 embed 值相同,但除了这一点外,在元素内重新排序依照 direction 属性严格按顺序进行。此值替代隐式双向算法

direction 属性用于设定文本流的方向。其语法格式如下:

direction:ltr|rtl|inherit

其属性值见表 4-10。

表 4-10 direction 的属性值

属性值	说明
ltr	文本流从左到右
rtl	文本流从右到左
inherit	文本流的值不可继承

4.2.4 案例

4.2.4.1 案例说明

编写 HTML 代码,实现在网页中对段落文字的转换、反排及单词的间隔设置。

4.2.4.2 详细步骤

步骤 1:启动 HBuilder,新建 HTML5 文档。

步骤 2:编写源代码。

```
<!DOCTYPE html>
<html>
<head>
  <meta http-equiv="content-type" content="text/html;charset=UTF-8"/>
  <title> 段落设计——单词间隔、文字转换及反排 </title>
</head>
<body>
  <h1> 文本转换显示 </h1>
  <p style="word-spacing:10px";"text-transform:none">happy new year!</p>
  <p style="word-spacing:20px";"text-transform: uppercase;">happy new year!</p>
  <p style="word-spacing:30px";"text-transform:capitalize">happy new year!</p>
  <h1> 文本反向排序显示 </h1>
  <p style="direction:rtl;unicode-bidi:bidi-override;text-align:left">happy new year!<p>
```

```
</body>
</html>
```

步骤 3：使用 Firefox 打开文件，预览效果如图 4-2 所示。

图 4-2   预览效果

4.2.5   练习测评

（1）在 HTML5 中，_____属性和_____属性用于设定文本的反排。

（2）在 HTML5 中，_____属性用于设定词与词的间距，即增加或者减少词与词的间隔，属性值_____用于定义单词间的固定宽度。

（3）在 HTML5 中，_____属性设置文本字母大小写的转换，实现将小写字母转换成大写字母，或将大写字母转换成小写字母。

4.2.6   实操编程

编写 HTML 代码，将下列文字按要求进行格式设置。

Happy Birthday to You!

要求：

（1）单词间距为 10 px。

（2）实现文本转换，将每个单词首字母转换为大写。

（3）实现文本反排。

4.3   图文混排《一封家书》

4.3.1   学习目的

掌握在 HTML5 中插入图片。

4.3.2　使用场景

将图片插入《一封家书》,实现图文混排。

4.3.3　知识要点

4.3.3.1　要点综述

图文混排《一封家书》。

4.3.3.2　要点细化

1. 网页支持的图片格式

网页中使用的图像可以是 GIF,JPEG,BMP,TIFF,PNG 等格式的图像文件,其中使用最广泛的主要是 GIF 和 JPEG 两种格式。

(1) GIF 格式。

GIF 格式是由 CompuServe 公司提出的与设备无关的图像存储标准,也是 Web 上使用最早、应用最广的图像格式。GIF 是通过减少组成图像像素的存储位数和 LZH 压缩存储技术来减少图像文件大小的, GIF 格式最多只能是 256 色。

GIF 格式具有图像文件短小、下载速度快的特点,在低颜色数时 GIF 图像比 JPEG 图像装载更快。可用许多具有同样大小的图像文件组成动画,在 GIF 图像中可指定透明区域,使图像具有非同一般的显示效果。

(2) JPEG 格式。

JPEG 格式是在目前 Internet 中最受欢迎的图像格式,JPEG 可支持多达 16 MB 的颜色,能展现十分生动的图像,还能压缩,但压缩方式是以损失图像质量为代价的。压缩比越高,图像质量损失越大,图像文件也就越小。

而 Windows 支持 BMP 格式的位图,一般情况下,同一图像的 BMP 格式大小是 JPEG 格式的 5～10 倍,而 GIF 格式最多只能是 256 色,因此能载入 256 色以上图像的 JPEG 格式成为 Internet 中最受欢迎的图像格式。

当网页中需要载入一个较大的 GIF 或 JPEG 图像文件时,装载速度会很慢。为改善网页的视觉效果,可在载入时设置为隔行扫描。隔行扫描在图像刚开始显示时看起来非常模糊,但接着细节会逐渐添加上去直到图像完全显示出来。

注意:现在网页中也有很多 PNG 格式的图片。PNG 图片具有不失真、兼有 GIF 和 JPEG 的色彩模式、网络传输速度快、支持透明图像制作的特点,近年来在网络上很流行。

2. 在网页中使用路径

路径的作用是定位一个文件的位置。文件的路径可以有两种表述方法,以当前文档为参照物表示文件的位置,即相对路径;以根目录为参照物表示文件的位置,即绝对路径。现有目录的结构如图 4-3 所示。

(1)绝对路径。

例如,在 D 盘的 "HTML" 目录下的 "images" 下有一个 "一封家书 .jpg" 图像,那么它的路径就是 "D:\HTML\images\ 一封家书 .jpg",像这种完整地描述文件位置的路径就是绝对路径。如果将图片文件 "一封家书 .jpg" 插入网页 "图文混排家书 .html" 中,绝对路径表示为

"D:\HTML\images\ 一封家书 .jpg",如果使用该绝对路径进行图片链接,那么在本地计算机中将正常显示。因为在"D:\HTML\images"下的确存在"一封家书 .jpg"这个图片。如果将文档上传到网站服务器,就不能正常显示了,因为服务器划分的存放空间可能在 D 盘其他目录中,也可能在 E 盘其他目录中。为了保证图片正常显示,必须从"HTML"文件夹开始,放到服务器或其他计算机的 D 盘根目录下。

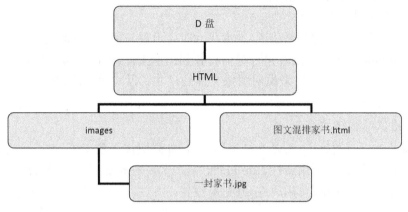

图 4-3　目录结构

（2）相对路径。

相对路径,顾名思义就是以当前位置为参考点,自己相对于目标的位置。例如,在"图文混排家书 .html"中链接"一封家书 .jpg"就可以使用相对路径。例如,"图文混排家书 .html"和"一封家书 .jpg"的路径根据图 4-3 可以这样来定位:从"图文混排家书 .html"位置出发,它和"images"属于同级,路径是通的,因此可以定位到"images",而"images"的下级就是"一封家书 .jpg",使用相对路径表示图片"images/ 一封家书 .jpg"。

使用相对路径时,无论将这些文件存放在哪里,只要"图文混排家书 .html"和"一封家书 .jpg"文件的相对关系没有变,就不会出错。

在相对路径中,"…"表示上一级目录,"…/…"表示上一级的上级目录,依此类推。

3．在网页中插入图像

src 属性用于指定图片源文件的路径,它是 <img> 标签必不可少的属性。语法格式如下:

<img src=" 图片路径 ">

<img> 标签的属性及描述见表 4-11。

表 4-11　〈img〉标签的属性及描述

属性	值	描述
alt	text	定义有关图像的描述
src	URL	要显示图像的 URL
height	pixels%	定义图像的高度
ismap	URL	把图像定义为服务器端的图像映射
usemap	URL	定义作为客户端图像映射的一幅图像。请参阅 <map> 和 <area> 标签了解工作原理
vspace	pixels	定义图像顶部和底部的空白。用 CSS 代替
width	pixels%	设置图像的宽度

4. 设置图像的宽度和高度

在 HTML5 文档中,还可以设置插入图片的大小,一般是按原始尺寸显示,也可以设置显示尺寸。

图片的显示尺寸是由属性 width 和 height 控制的。当只为图片设置一个尺寸属性时,另外一个尺寸就以图片原始的长宽比例来显示。图片的尺寸单位可以选择百分比或数值。百分比为相对尺寸,数值是绝对尺寸。

注意:网页中插入的图像都是位图,放大尺寸时会出现马赛克,变得模糊。

提示:在 Windows 中查看图片尺寸只需要找到图像文件,把鼠标指针移动到图像上,停留几秒后就会出现一个提示框,用来说明图像文件的尺寸。尺寸后显示的数字代表图像的宽度和高度,如 256×256。

5. 设置图像的提示文字

图像的提示文字有两种:一种是当浏览网页时,如果图像下载完成,将指针放在该图像上,光标旁边会出现提示文字,可用属性 title 进行设置。另一种是如果图像没有成功下载,在图像的位置上就会显示提示文字,可用属性 alt 进行设置。

4.3.4　案例

4.3.4.1　案例说明

将《一封家书》进行图文混排。

4.3.4.2　详细步骤

步骤 1:启动 HBuilder,新建 HTML5 文档。

步骤 2:编写 HTML 代码基本框架,具体如下。

```
<!DOCTYPE html>
<html>
<head>
    <meta charset="UTF-8"/>
    <title> 图文混排家书 </title>
</head>
<body>
</body>
</html>
```

步骤 3:在 <body> 标签中插入网页标题设计代码,具体如下。

```
<h1 style="color:black;text-align:center;white-space:pre"> 给 父 亲 的 一 封 信 </h1>
```

步骤 4:在 <body> 标签中完善段落内容设计代码,具体如下。

```
<p style="font-family: 宋体 ;font-size:18px;color:#000;text-indent:10mm;line-height:30px;text-decoration:underline">
```

过年的时候我常常看着天空的焰火出神,我一个人傻傻地笑着,不在乎路人的眼神。想起孩提时在自家阳台上放烟花的事情,烟花突然在我手中炸开了,右手炸得黑乎乎一片,不能动弹。自那以后的每天我的手掌都奇痒难忍,搞得您也睡不好觉。母亲找来一罐健力宝让我握着才减轻了一些,那些日子我很晚才睡,大多还含着眼泪。</p>

<img src="images/ 一封家书 .jpg" width="300" height="200" style="text-align:center; width:300px;float:left;border:#F00" alt=" 美丽的童年下载失败 " title=" 美丽的童年 ">

<p style="font-family: 宋体 ;font-size:18px;color:black;text-indent:10mm;line-height:30px; text-decoration:underline">

父亲,您看我写着写着就不知道写到哪了,真是头一次写信给您,有些不习惯。在您要求我写保证书时我是抵触的,也许是落下了心理上的阴影吧。父亲,我真的没有怪过您,相反我很多时候都是在自责,习惯性地用叛逆掩饰自己的脆弱,我固执地不愿意承认我的软弱,即使是在最亲的人面前。抱歉,父亲,让您伤心了。我未能完成您一直以来的愿望,经历了中考、高考的失利我再也没有信心继续学习了,所以远离家乡的日子总是很颓废,可是您要知道我心里也不好受,对于自己我也感到了失望。</p>

<p style="font-family: 宋体 ;font-size:18px;color:black;text-indent:10mm;line-height:30px; text-decoration:underline">

然而我也是希望自己能够有出息的,父亲,请您相信我,我安静的时候一直在思考自己的出路,我想走出属于自己的一条路来,完全靠自己,不需要怜悯,但是同时我也明白,这很难。不过,我已经决定,并且确定自己会走下去了,不管有多么的艰难,我不会回头。很可能我写下的这些话您永远都不会看到,也许在我取得成功后会主动告诉您我曾经写下过这些,曾经在一个夜晚虔诚地写下了平生第一封家书。</p>

<p style="font-family: 宋体 ;font-size:18px;color:black;text-indent:10mm;line-height:30px; text-decoration:underline">

父亲,外面下雪了,家里下雪了么?天气越来越冷了,注意加衣服。我会用自己的方式生活,并且生活得快乐,我还要让您以自己的意愿生活,我要满足您的一切需求,并且让您快乐。</p>

<p style="font-style:italic;text-indent:10mm;font-family: 宋体 ;font-size:18px;color:black"> 此致 </p>

<p style="font-style:italic;text-align:left;font-family: 宋体 ;font-size:18px;color:black"> 敬礼 </p>

<p style="font-style:italic;text-align:right;font-family: 宋体 ;font-size:18px;color:black"> 儿子:明明 </p>

<p style="font-style:italic;text-align:right;font-family: 宋体 ;font-size:18px;color:black; letter-spacing:0.5em">2019 年 1 月 23 日 </p>

</body>

</html>

步骤 5:保存网页,在 Firefox 中预览效果,如图 4-4 所示。

图 4-4　预览效果

4.3.5　练习测评

（1）在 HTML5 中，设置图片源文件的属性为_____。

（2）在 HTML5 中，设置图片高度的属性为_____，设置图片宽度的属性为_____。

4.3.6　实操编程

在写给母亲的家书中插入一幅童年的照片。

CHAPTER 5
第 5 章

网页列表设计

网页文字列表可分为无序和有序两种,本章主要介绍无序列表和有序列表的设计方法。

5.1 制作电子目录

5.1.1 学习目的

掌握在网页中建立无序列表——电子目录。

5.1.2 使用场景

制作网页,在网页中实现建立电子目录。

5.1.3 知识要点

5.1.3.1 要点综述

电子目录的建立。

5.1.3.2 要点细化

无序列表相当于 Word 中的项目符号,无序列表的项目排列没有顺序,只以符号作为分项标识。无序列表使用一对标签 <ul>…</ul>,其中每一个列表项使用 <li>…</li>,结构如下:

```
<ul type=" 排序类型 ">
  <li> 无序列表项 </li>
  <li> 无序列表项 </li>
  <li> 无序列表项 </li>
</ul>
```

注：在无序列表结构中，使用 `<ul>` 和 `</ul>` 标签表示这个无序列表的开始和结束，`<li>` 则表示一个列表项的开始。一个无序列表可以包含多个列表项，并且 `<li>` 可以省略结束标记。此外，type 为项目符号，可选的属性值有 circle，disc，square。

5.1.4 案例

5.1.4.1 案例说明

编写 HTML 代码，实现在网页中建立电子目录。

5.1.4.2 详细步骤

步骤 1：启动 HBuilder，新建 HTML5 文档。

步骤 2：编写源代码。

```
<!DOCTYPE html>
<html>
<head>
    <meta http-equiv="content-type" content="text/html;charset=UTF-8"/>
    <title> 嵌套无序列表的使用 </title>
</head>
<body>
    <h1>HTML5 网页制作 </h1>
    <ul type="square">
      <li>HTML5 入门 </li>
      <ul type="disc">
        <li>HTML5 文件的编写方法 </li>
        <li>HTML5 文件的查看方法 </li>
      </ul>
      <li>HTML5 基本语法 </li>
      <ul type="disc">
        <li>web 标准概述 </li>
        <li>HTML 基本结构 </li>
      </ul>
      <li>......</li>
    </ul>
</body>
</html>
```

步骤 3：使用 Firefox 浏览器打开文件，预览效果如图 5-1 所示，可以看出实现了在网页中建立电子目录。

图 5-1　预览效果

5.1.5　练习测评

在 HTML5 中,无序列表使用一对标签_____来建立,其中每个列表项使用_____。

5.1.6　实操编程

题目自拟,制作电子目录。

5.2　制作有序条目

5.2.1　学习目的

掌握在网页中建立有序列表——有序条目。

5.2.2　使用场景

制作网页,在网页中实现建立有序条目。

5.2.3　知识要点

5.2.3.1　要点综述

本节将详细介绍有序列表的建立。

5.2.3.2　要点细化

有序列表类似于 Word 中的自动编号功能。有序列表的使用方法和无序列表的使用方法基本相同,它使用标签 <ol>…</ol>,每一个列表项使用 <li>…</li>。每个项目都有前后顺序之分，多数用数字表示，结构如下：

<ol start=" 起始数值 " type=" 排序类型 ">

  <li> 第 1 项 </li>

  <li> 第 2 项 </li>

  <li> 第 3 项 </li>

</ol>

其中 start 为起始数值，属性值为具体的数字，type 为排序类型。有序列表中 type 的属性值见表 5-1。

表 5-1　type 的属性值

type 取值	列表项目的序号类型
1	数字 1，2，…
a	小写英文字母
A	大写英文字母
i	小写罗马数字
I	大写罗马数字

5.2.4　案例

5.2.4.1　案例说明

编写 HTML 代码，实现在网页中建立有序条目。

5.2.4.2　详细步骤

步骤 1：启动 HBuilder，新建 HTML5 文档。

步骤 2：编写源代码。

```
<!DOCTYPE html>
<html>
<head>
    <meta http-equiv="content-type" content="text/html;charset=UTF-8"/>
    <title> 有序列表的使用 </title>
</head>
<body>
    <h1> 测试问卷 </h1>
    <li><p> 你喜欢的电影类型是（） </p>
        <ol start="1" type="A">
            <li> 动作剧 </li>
            <li> 喜剧 </li>
            <li> 爱情 </li>
            <li> 都一般，没有特别喜欢的 </li>
        </ol>
```

```
        </li>
        <li><p> 你最爱吃的水果是（ ） </p>
          <ol start="1" type="A">
            <li> 苹果 </li>
            <li> 香蕉 </li>
            <li> 梨 </li>
            <li> 菠萝 </li>
          </ol>
        </li>
</body>
</html>
```

步骤 3：使用 Firefox 打开文件，预览效果如图 5-2 所示。

图 5-2　预览效果

5.2.5　练习测评

在 HTML5 中，有序列表使用一对标签_____来建立，其中每个列表项使用_____。

5.2.6　实操编程

题目自拟，制作有序条目。

CHAPTER 6
第 6 章 网页超链接设计

链接是网页中很重要的组成部分,是帮助完成各个网页相互跳转的依据。本章主要讲述链接的概念和实现方法。

6.1 创建文本及图片超链接之唐诗《咏柳》

6.1.1 学习目的

掌握在 HTML5 中实现网页中的文本及图片超链接。

6.1.2 使用场景

在网页"唐诗《咏柳》"中创建文本及图片超链接。

6.1.3 知识要点

6.1.3.1 要点综述

创建文本及图片超链接。

6.1.3.2 要点细化

1. 文本超链接和图像超链接的概念

文本超链接:浏览网页时,会看到一些带下划线的文字,将光标移到文字上时,光标将变成手形,单击会打开一个网页,这样的链接就是文本超链接。

图像超链接:浏览网页时,若将光标移到图像上,光标将变成手形,单击会打开一个网页,这样的链接就是图像超链接。

2. 创建超链接的方法

使用 <a> 标签可以实现网页超链接,但 <a> 标签需要定义锚来指定链接目标。锚有两种用法:

（1）href 属性。

通过使用 href 属性，创建指向另外一个文档的链接。其语法格式如下：

\<a href=" 链接地址 "\> 创建链接的文本或图片 \</a\>

\<a href=" 链接地址 "\>\<img\>\</a\>

注：

① 指定链接地址时，可以根据需求指定相对路径或绝对路径。相对路径是指目标位置用相对于当前网页文件的位置来表示。绝对路径是指目标位置用相对于磁盘或者网络的真实位置来表示。

② 网页除了可以提供信息浏览外，还可提供资源下载，所以就需要下载链接，举例如下：

\<a href="wrar.exe"\> 解压缩文件下载 \</a\>

（2）name 或 id 属性。

通过使用 name 或 id 属性，可以创建一个文档内部的书签，即创建指向文档片段的链接。其语法格式如下：

\<a name="value"\> 创建链接的文本或图片 \</a\>

\<a name="value"\>\<img\>\</a\>

或者：

\<a id="value"\> 创建链接的文本或图片 \</a\>

\<a id="value"\>\<img\>\</a\>

6.1.4 案例

6.1.4.1 案例说明

设置文本及图片超链接。

6.1.4.2 详细步骤

步骤 1：启动 HBuilder，新建 HTML5 文档。

步骤 2：编写源代码。

```
<!DOCTYPE html>
<html>
<head>
  <meta charset="UTF-8"/>
  <title> 文本及图片超链接——咏柳 </title>
</head>
<body>
  <h1 style="text-align:left;text-indent:15mm"> 咏柳 </h1>
  <p>
    友情链接——
    <a href="http://baike.baidu.com/link?url=-HxWAKY1ZydLuwqx9jFJfIdAhsdt4IPejO
DN6VBWz-vpq31FWQAdICzFk9ps1zURkfM7DqAJB7KS6Qk9y8q4HK"> 作 者 ：贺 知 章 </a>
    <br/>
    <a href="3 咏柳背后的秘密 .html"><img src=" 咏柳 .jpg"/></a>
```

```
    </p>
</body>
</html>
```

步骤 3：保存网页，在 Firefox 中预览效果，如图 6-1 所示。

图 6-1　预览效果

步骤 4：单击"作者：贺知章"，打开百度百科链接，预览效果如图 6-2 所示。

图 6-2　"贺知章"百度百科资料

步骤 5：单击图片，打开网页"咏柳背后的秘密 .html"，预览效果如图 6-3 所示。

图 6-3　"咏柳背后的秘密"网页

6.1.5 练习测评

在 HTML5 中,设置文本及图片超链接的属性为_____。

6.1.6 实操编程

为写给母亲的家书设置文本及图片超链接。

6.2 设置链接目标打开窗口之"贺知章百科"

6.2.1 学习目的

掌握在 HTML5 中设置链接目标打开窗口。

6.2.2 使用场景

设置链接目标打开窗口:在新窗口或当前窗口打开唐诗《咏柳》的作者贺知章的百科资料。

6.2.3 知识要点

6.2.3.1 要点综述

设置链接目标打开窗口。

6.2.3.2 要点细化

在默认的情况下,当单击超链接时,目标页面会在当前窗口中显示,替换当前页面的内容。如果要在单击某个链接以后,打开新的浏览器窗口并在这个新窗口中显示目标页面,就需要使用 <a> 标签的 target 属性。

target 属性的取值有 4 个,分别是 "_blank", "_self", "_top" 和 "_parent"。由于 HTML5 不再支持框架,所以 "_top" 和 "_parent" 这两个取值不常用。本节仅讲解 "_blank" 和 "_self"。其中, "_blank" 表示在新窗口中显示超链接页面; "_self" 表示在当前窗口中显示超链接页面,当省略 target 属性时,默认取值为 "_self"。

6.2.4 案例

6.2.4.1 案例说明

设置链接目标打开窗口。

6.2.4.2 详细步骤

步骤 1:启动 HBuilder,新建 HTML5 文档。
步骤 2:编写源代码。

```
<!DOCTYPE html>
<html>
<head>
  <meta charset="UTF-8"/>
  <title> 设置链接目标打开窗口——咏柳 </title>
</head>
<body>
  <h1 style="text-align:left;text-indent:15mm"> 咏柳 </h1>
  <p>
    友情链接——
    <a href="http://baike.baidu.com/link?url=-HxWAKY1ZydLuwqx9jFJfIdAhsdt4IPej
ODN6VBWz-vpq31FWQAdICzFk9ps1zURkfM7DqAJB7KS6Qk9y8q4HK" target="_blank">
作者：贺知章 </a>
    <br/>
    碧玉妆成一树高，万条垂下绿丝绦。<br>
    不知细叶谁裁出，二月春风似剪刀。<br>
  </p>
</body>
</html>
```

步骤 3：保存网页，在 Firefox 中预览效果，如图 6-4 所示。

图 6-4　预览效果

步骤 4：单击"作者：贺知章"，打开百度百科链接，预览效果如图 6-5 所示。

步骤 5：将 "_blank" 换成 "_self"，即代码修改如下。

<a href="http://baike.baidu.com/link?url=-HxWAKY1ZydLuwqx9jFJfIdAhsdt4IPejODN
6VBWz-vpq31FWQAdICzFk9ps1zURkfM7DqAJB7KS6Qk9y8q4HK" target="_self">

　　作者：贺知章

</a>

预览效果如图 6-6 所示。

图 6-5   在新窗口中打开链接

图 6-6   在当前窗口打开链接

6.2.5   练习测评

在 HTML5 中，如果要在单击某个链接以后打开新的浏览器窗口，并在这个新窗口中显示目标页面，就需要使用 <a> 标签的_____属性。其中，_____表示在新窗口中显示超链接页面，_____表示在当前窗口中显示超链接页面。

6.2.6   实操编程

为写给母亲的家书设置链接目标打开窗口。

6.3　超链接至 E-mail 地址

6.3.1　学习目的

掌握在 HTML5 中实现超链接至 E-mail 地址。

6.3.2　使用场景

单击创建链接的文本，链接至 E-mail 地址：yaomingming@163.com。

6.3.3　知识要点

6.3.3.1　要点综述

设置超链接至电子邮箱。

6.3.3.2　要点细化

设置超链接至电子邮箱的格式如下：

<a href="mailto: 电子邮箱地址 "> 创建链接的文本 </a>

注：命令中使用 mailto 指定收件人的邮箱地址。

6.3.4　案例

6.3.4.1　案例说明

单击网页中的"写给读者的一封信"，超文本链接至 E-mail 地址：yaomingming@163.com。

6.3.4.2　详细步骤

步骤 1：启动 HBuilder，新建 HTML5 文档。

步骤 2：编写源代码。

```
<!DOCTYPE html>
<html>
<head>
    <meta charset="UTF-8"/>
    <title> 超链接至电子邮箱 </title>
</head>
<body>
    <h1 style="text-align:left;text-indent:40mm"> 咏柳 </h1>
    <p style="font-size:25px"><strong> 碧玉妆成一树高,万条垂下绿丝绦。</strong></p>
    <p style="font-size:25px"><strong> 不知细叶谁裁出,二月春风似剪刀。</strong></p>
    <br/>
```

备注：

\<a href="mailto:yaomingming@163.com"\> 写给读者的一封信 \</a\>

\</body\>

\</html\>

步骤 3：保存网页，在 Firefox 中预览效果，如图 6-7 所示。

图 6-7　预览效果

步骤 4：单击超链接文本"写给读者的一封信"，自动弹出 Outlook 程序启动向导，单击"下一步"按钮，如图 6-8 所示。

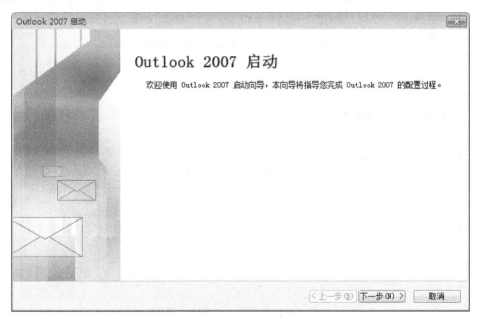

图 6-8　选择应用程序

步骤 5：打开"帐户配置"对话框，采用默认配置，单击"下一步"按钮，如图 6-9 所示。

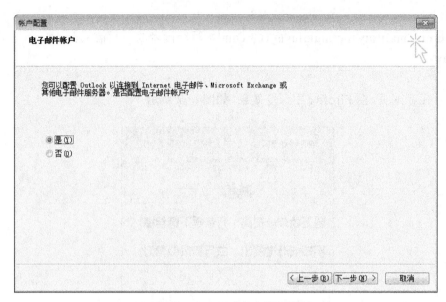

图 6-9　"帐户配置"对话框

步骤 6：打开"自动帐户设置"对话框,配置相应的电子邮件账户信息。这里的信息为邮件发件人的信息,可以用于各大邮件服务器注册好的账号,如网易邮箱、QQ 邮箱,配置完成后,单击"下一步"按钮,如图 6-10 所示。

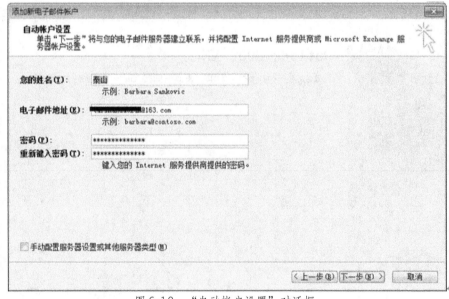

图 6-10　"自动帐户设置"对话框

步骤 7：Qutlook 程序根据账户信息自动连接对应的服务器,如使用网易邮箱则会自动连接网易邮箱对应的服务器,如图 6-11 所示。

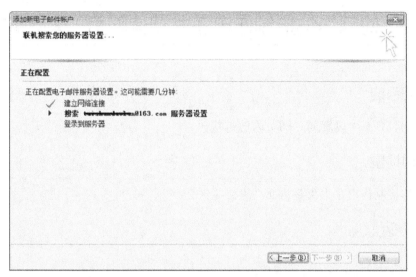

图 6-11　连接网易邮箱服务器

步骤 8：服务验证连接成功，单击"完成"按钮，打开 Outlook 邮件编辑界面，编辑邮件主题和内容，单击"发送"按钮即可，如图 6-12 所示。

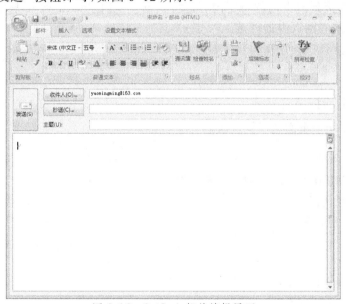

图 6-12　Outlook 邮件编辑界面

6.3.5　练习测评

在 HTML5 中，超文本链接到一个 E-mail 地址时，命令中使用＿＿＿＿＿＿指定收件人的邮箱地址。

6.3.6　实操编程

实现超链接至同学的邮箱。

6.4 　使用锚链接制作电子书阅读网页"唐诗鉴赏"

6.4.1　学习目的

掌握在 HTML5 中设置同一网页内的链接。

6.4.2　使用场景

使用锚链接制作电子书阅读网页"唐诗鉴赏"。

6.4.3　知识要点

6.4.3.1　要点综述

使用锚链接设置同一网页内的链接。

6.4.3.2　要点细化

超链接可以链接到网页内的特定内容,使用 <a> 标签的 name 或 id 属性创建一个文档内部书签,即可实现同一网页内的链接。

6.4.4　案例

6.4.4.1　案例说明

设置超链接到同一页面的不同位置。

6.4.4.2　详细步骤

步骤 1:启动 HBuilder,新建 HTML5 文档。
步骤 2:编写源代码。

```
<!DOCTYPE html>
<html>
<head>
  <meta charset="UTF-8"/>
  <title> 电子书 </title>
</head>
<body>
  <h1> 唐诗鉴赏 </h1>
  <ul>
    <li><a href="# 第一首 "> 咏柳 </a>
    <li><a href="# 第二首 "> 望庐山瀑布 </a>
    <li><a href="# 第三首 "> 静夜思 </a>
    <li><a href="# 第四首 "> 相思 </a>
```

```
<li><a href="# 第五首 "> 登鹳雀楼 </a>
</ul>
<h3><a name=" 第一首 "> 咏柳 </a></h3>
<h3>—— 贺知章 </h3>
<ul>
   <li> 碧玉妆成一树高，
   <li> 万条垂下绿丝绦。
   <li> 不知细叶谁裁出，
   <li> 二月春风似剪刀。
</ul>
<h3><a name=" 第二首 "> 望庐山瀑布 </a></h3>
<h3>—— 李白 </h3>
<ul>
   <li> 日照香炉生紫烟，
   <li> 遥看瀑布挂前川。
   <li> 飞流直下三千尺，
   <li> 疑是银河落九天。
</ul>
<h3><a name=" 第三首 "> 静夜思 </a></h3>
<h3>—— 李白 </h3>
<ul>
   <li> 床前明月光，
   <li> 疑是地上霜。
   <li> 举头望明月，
   <li> 低头思故乡。
</ul>
<h3><a name=" 第四首 "> 相思 </a></h3>
<h3>—— 王维 </h3>
<ul>
   <li> 红豆生南国，
   <li> 春来发几枝。
   <li> 愿君多采撷，
   <li> 此物最相思。
</ul>
<h3><a name=" 第五首 "> 登鹳雀楼 </a></h3>
<h3>—— 王之涣 </h3>
<ul>
   <li> 白日依山尽，
   <li> 黄河入海流。
   <li> 欲穷千里目，
```

```
        <li> 更上一层楼。
    </ul>
</body>
</html>
```

步骤 3：保存网页，在 Firefox 中预览效果，如图 6-13 所示。

图 6-13　预览效果

步骤 4：单击"相思"，页面会自动跳转到"相思"对应的内容，预览效果如图 6-14 所示。

图 6-14　"相思"对应的内容

6.4.5　练习测评

在 HTML5 中，如果要实现同一网页内的链接，就需要使用 <a> 标签的_____属性。

6.4.6 实操编程

制作电子书阅读网页,实现同一网页内的链接。

6.5 浮动框架

6.5.1 学习目的

掌握在 HTML5 中实现浮动框架。

6.5.2 使用场景

在浮动框架中显示百度网站。

6.5.3 知识要点

6.5.3.1 要点综述

使用 iframe 创建浮动框架。

6.5.3.2 要点细化

HTML5 已经不支持 frameset 框架,但是它仍然支持 iframe 浮动框架的使用。浮动框架可以自由控制窗口大小,也可以配合表格随意在网页中的任何位置插入窗口,实际上就是在窗口中再创建一个窗口。

使用 iframe 创建浮动框架的格式如下:

<iframe src=" 链接对象 ">

其中,src 表示浮动框架中显示对象的路径,可以是绝对路径,也可以是相对路径。

6.5.4 案例

6.5.4.1 案例说明

在浮动框架中显示百度网站。

6.5.4.2 详细步骤

步骤 1:启动 HBuilder,新建 HTML5 文档。
步骤 2:编写源代码。

```
<!DOCTYPE html>
<html>
<head>
    <meta http-equiv="content-type" content="text/html; charset=UTF-8"/>
    <title> 浮动框架 </title>
</head>
```

```
<body>
  <iframe src="http://www.baidu.com"></iframe>
</body>
</html>
```

步骤 3：保存网页，在 Firefox 中预览效果，如图 6-15 所示。

图 6-15　预览效果

注：从预览结果可见，浮动框架在页面中又创建了一个窗口。默认情况下，浮动框架的宽度和高度分别为 220 像素和 120 像素。如果需要调整浮动框架尺寸，就要使用 CSS 样式。若要修改上述浮动框架尺寸，就要在 <head> 标签部分增加如下 CSS 代码。

```
<style>
  iframe{
    width:600px;  // 宽度
    height:800px; // 高度
    border:none;  // 无边框
  }
</style>
```

6.5.5　练习测评

在 HTML5 中，使用_____可创建浮动框架。

6.5.6　实操编程

在浮动框架中显示新浪网站。

第 7 章　HTML5 中的表格

表格是 HTML5 中非常重要的功能,无论是使用简单的 HTML5 语言编辑的网页,还是具备动态网站功能的 ASP,JSP,PHP 网页,都可以借助表格进行排版。本章主要介绍表格的绘制方法、行标签属性、列标签属性、单元格标签属性、表头标签属性及表格的结构标签。

7.1　绘制基本表格

7.1.1　学习目的

掌握在 HTML5 中利用基本属性绘制表格。

7.1.2　使用场景

使用表格制作购物商城商品页面。

7.1.3　知识要点

7.1.3.1　要点综述

利用以下介绍的属性绘制表格。

7.1.3.2　要点细化

1. 设置表格的标题

表格可以通过 <caption> 标签来设置一种特殊的单元格,即标题单元格。表格的标题一般位于整个表格的第一行。具体语法如下:

<caption>value<caption>

参数说明:

value:表格标题的内容。

在默认情况下表格的边框为 0,也就是说默认情况下我们看不到表格的边框。用户可以通过设置表格中的属性 border 来改变边框线的宽度,单位为像素。

2. 设置表格的宽度和高度

在默认情况下,表格的宽度和高度根据内容能自动调整,也可以根据自己的需要手动设置,具体语法如下:

<table width=value height=value>

3. 设置表格的边框颜色

属性 bordercolor 可用来改变表格边框的颜色,其值可以是英文颜色名称或十六进制颜色值。

4. 设置表格的对齐方式

在表格中通过设置属性 align 的值来设定表格的对齐方式,具体语法如下:

<table align=value>

参数说明:

value:表格对齐方式,取值可以为 left,center 和 right。

5. 设置表格的背景颜色

通过设置属性 bgcolor 的值可以定义表格的背景颜色,具体语法如下:

<table bgcolor=value>

参数说明:

value:颜色的值,可以是英文颜色名称或十六进制颜色值。

6. 设置表格的背景图片

属性 background 的值可以为表格的背景加入一张背景图片,具体语法如下:

<table background=value>

参数说明:

value:图片的地址,可以是绝对路径,也可以是相对路径。

7.1.4 案例

7.1.4.1 案例说明

利用表格基本属性绘制表格。

7.1.4.2 详细步骤

步骤 1:启动 HBuilder,新建 HTML5 文档。

步骤 2:编写源代码。

```
<!DOCTYPE html>
<html>
<head>
    <meta charset="UTF-8">
    <title> 绘制表格 </title>
</head>
<body>
    <table align="center" border="1" bordercolor="red" cellspacing="10" bgcolor="#cccccc"
width="913">
```

```
<caption align="center"> 购物商城商品展示 <caption>
<tr>
    <td><img src=" 帽子 1.jpg"></td>
    <td><img src=" 背包 1.jpg"></td>
    <td><img src=" 背包 2.jpg"></td>
    <td><img src=" 帽子 2.jpg"></td>
    <td><img src=" 背包 3.jpg"></td>
    <td><img src=" 背包 4.jpg"></td>
</tr>
<tr>
    <td><img src=" 帽子 1.jpg"></td>
    <td><img src=" 背包 1.jpg"></td>
    <td><img src=" 背包 2.jpg"></td>
    <td><img src=" 帽子 2.jpg"></td>
    <td><img src=" 背包 3.jpg"></td>
    <td><img src=" 背包 4.jpg"></td>
</tr>
    </table>
</body>
</html>
```

步骤 3：在 Firefox 中预览效果，如图 7-1 所示。

图 7-1　预览效果

7.1.5　练习测评

在 HTML5 中，绘制表格的基本属性有_____。

7.1.6　实操编程

动手练习在画布中绘制图像。

7.2　绘制学生信息表

7.2.1　学习目的

掌握在 HTML5 中利用基本属性绘制学生信息表。

7.2.2　使用场景

绘制学生信息表。

7.2.3　知识要点

7.2.3.1　要点综述

使用以下属性绘制学生信息表。

7.2.3.2　要点细化

在 HTML5 的语法中,表格一般通过 3 个标签来构建,分别为表格标签、行标签和单元格标签。其中表格标签为 <table>…</table>,表格的其他各种属性都要写在表格的开始标签 <table> 和结束标签 </table> 之间才有效。

1. 设置行的高度

具体语法如下：

<tr height=value>

参数说明：

value：设置行的高度（只对本行有效）。

2. 设置行的边框颜色

具体语法如下：

<tr bordercolor=value>

参数说明：

value：颜色的值,可以是英文颜色名称或十六进制颜色值。

3. 设置行的背景颜色

具体语法如下：

<tr bgcolor=value>

参数说明：

value：颜色的值,可以是英文颜色名称或十六进制颜色值。

4. 设置行的水平位置

具体语法如下:

<tr align=value>

参数说明:

value:表格对齐方式,取值可以为 left,center 和 right。

5. 设置行的垂直位置

具体语法如下:

<tr valign=value>

参数说明:

value:表格对齐方式,取值可以为 top,middle 和 bottom。

6. 设置单元格的大小

具体语法如下:

<td width=value height=value>

参数说明:

value:设置单元格的宽度和高度。

7. 设置单元格的水平对齐属性

具体语法如下:

<td align=value>

参数说明:

value:表格对齐方式,取值可以为 left,center 和 right。

8. 设置单元格的垂直对齐属性

具体语法如下:

<td valign=value>

参数说明:

value:表格对齐方式,取值可以为 top,middle 和 bottom。

9. 设置单元格的水平跨度

具体语法如下:

<td colspan=value>

参数说明:

value:单元格所跨列数。

10. 设置单元格的垂直跨度

具体语法如下:

<td rowspan=value>

参数说明:

value:单元格所跨行数。

11. 设置单元格的背景颜色

具体语法如下:

<td bgcolor=value>

参数说明:

value：颜色的值，可以是英文颜色名称或十六进制颜色值。

12. 设置单元格的背景图片

具体语法如下：

\<td background=value\>

参数说明：

value：图片的地址，可以是绝对路径，也可以是相对路径。

7.2.4 案例

7.2.4.1 案例说明

利用介绍的属性绘制学生信息表。

7.2.4.2 详细步骤

步骤 1：启动 HBuilder，新建 HTML5 文档。

步骤 2：编写源代码。

```
<!DOCTYPE html>
<html>
<head>
    <meta charset="UTF-8">
    <title> 行列标签属性 </title>
</head>
<body>
    <table align="center" border="1" bordercolor="red" cellspacing="2" bgcolor="#cccccc" width="913">
        <tr height="10" bordercolor="#cccccc" align="center" valign="middle">
            <td colspan="4" height="40" width="60"> 学生信息表 </td>
        </tr>
        <tr height="10" bordercolor="#cccccc" align="center" valign="middle">
            <td height="40" width="60"> 学号 </td>
            <td height="40" width="60"> 姓名 </td>
            <td height="40" width="60"> 性别 </td>
            <td height="40" width="60"> 专业 </td>
        </tr>
        <tr height="10" bordercolor="#cccccc" align="left" valign="middle">
            <td height="40" width="60">20180001</td>
            <td bgcolor="aquamarine" height="40" width="60"> 张洪 </td>
            <td height="40" width="60"> 男 </td>
            <td height="40" width="60"> 软件工程 </td>
        </tr>
        <tr height="10" bordercolor="#cccccc" align="left" valign="middle">
            <td height="40" width="60">20180002</td>
```

```
<td bgcolor="aquamarine" height="40" width="60"> 王刚 </td>
    <td height="40" width="60"> 男 </td>
    <td height="40" width="60"> 计算机科学技术 </td>
  </tr>
</table>
</body>
</html>
```

步骤 3：在 Firefox 中预览效果，如图 7-2 所示，可以看出在显示页面中插入了一个图像，并在画布中显示。

图 7-2　预览效果

7.2.5　练习测评

在 HTML5 中，行标签属性和列标签属性有_____。

7.2.6　实操编程

绘制学生成绩表（字段及学生成绩相关信息自拟）。

7.3　绘制"通知"表格

7.3.1　学习目的

掌握在 HTML5 中利用表头、表体及表尾的相关属性绘制"通知"表格的方法。

7.3.2　使用场景

绘制"通知"表格。

7.3.3　知识要点

7.3.3.1　要点综述

利用表头、表体及表尾的相关属性绘制"通知"表格。

7.3.3.2 要点细化

1. 表头标签的属性

表头标签 <th> 的属性和 <td> 标签的属性及语法格式非常相似,具体用法可参考 <td> 标签中的属性用法。

2. 设置表首样式

表示表首样式的标签是 <thead>,它用于定义表格最上端表首的样式,其中可以设置背景颜色、文本对齐方式等。具体语法如下:

<thead align=value1 bgcolor=color_value valign=value2>

参数说明:

value1:水平对齐方式。

color_value:颜色代码。

value2:垂直对齐方式。

注:在以上语法中,bgcolor,align,valign 参数的取值范围与单元格中的设置方法相同,align 可以取 left,center 或 right,valign 可以取 top,middle 或 bottom。<thead> 标签还可以包含 <td>,<th> 和 <tr> 标签,而一个表元素中只能有一个 <thead> 标签。

3. 设置表主体样式

表主体标签 <tbody> 用于定义表格主体的样式,具体语法如下:

<tbody align=value1 bgcolor=color_value valign=value2>

参数说明:

value1:水平对齐方式。

color_value:颜色代码。

value2:垂直对齐方式。

4. 设置表尾样式

表尾标签 <tfoot> 用于定义表格尾部的样式,具体语法如下:

<tfoot align=value1 bgcolor=color_value valign=value2>

参数说明:

value1:水平对齐方式。

color_value:颜色代码。

value2:垂直对齐方式。

7.3.4 案例

7.3.4.1 案例说明

利用表头、表体及表尾的相关属性绘制"通知"表格。

7.3.4.2 详细步骤

步骤 1:启动 HBuilder,新建 HTML5 文档。

步骤 2:编写源代码。

```
<!DOCTYPE html>
<html>
```

```
<head>
  <meta charset="UTF-8">
  <title> 表头、表体、表尾样式 </title>
</head>
<body>
  <table align="center" border="1" bordercolor="red" cellspacing="10" bgcolor="#cccccc"
width="400">
    <thead align="center" bgcolor="#B2B2B2" valign="center" height="50">
      <tr>
        <th> 通知 </th>
      </tr>
    </thead>
    <tbody align="center" bgcolor="#FFFF88" width="400" height="200">
      <tr align="center">
        <td > 下午两点请全体员工到会议室开会。</td>
      </tr>
    </tbody>
    <tfoot align="right" bgcolor="green">
      <tr height="25">
        <td> 信科学院 2019.3.2</td>
      </tr>
    </tfoot>
  </table>
</body>
</html>
```

步骤 3：在 Firefox 中预览效果，如图 7-3 所示，可以看出在显示页面中插入了一幅图像，并在画布中显示。

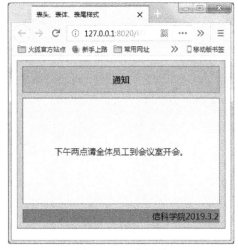

图 7-3　预览效果

7.3.5 练习测评

在 HTML5 中，如何设置表头、表体及表尾样式？

7.3.6 实操编程

动手绘制表格，熟悉表头、表体及表尾样式的设置方法。

CHAPTER 8
第 8 章

网页多媒体设计

除了文本、图片等基本内容外，网页中还可以增加滚动字幕、音频和视频等多媒体内容。目前没有关于网页中音频和视频的标准，多数音频、视频都是通过插件来播放的。本章主要介绍滚动字幕的设置及 HTML5 新增的音频和视频标签。

8.1 设置滚动文字

8.1.1 学习目的

掌握使用 HTML5 设置滚动文字的方法。

8.1.2 使用场景

在网页中设置滚动文字。

8.1.3 知识要点

8.1.3.1 要点综述

利用相关属性对滚动文字进行修饰。

8.1.3.2 要点细化

1. 滚动文字标签 <marquee>

使用 <marquee> 标签可以将文字设置为动态滚动的效果。其语法如下：

<marquee> 滚动文字 </marquee>

只要在标签之间添加要进行滚动的文字即可，而且可以在标签之间设置这些文字的字体、颜色等。

2. 滚动方向属性 direction

默认情况下文字只能从右向左滚动，而在实际应用中常常需要不同滚动方向的文字，这可以通过 direction 属性来设置。其语法如下：

<marquee direction=" 滚动方向 "> 滚动文字 </marquee>

该语法中的滚动方向可以包含 4 个值,分别为 up,down,left 和 right,它们分别表示文字向上、向下、向左和向右滚动。其中向左滚动的效果与默认效果相同,向上滚动的文字则常常出现在网站的公告栏中。

3. 滚动方式属性 behavior

除了可以设置文字的滚动方向外,还可以为文字设置滚动方式,如往复运动等。这一功能可以通过添加 behavior 属性来实现。其语法如下:

<marquee behavior=" 滚动方式 "> 滚动文字 </marquee>

其中,滚动方式 behavior 的取值可以设置为表 8-1 所示的某个值,不同取值的滚动效果也不同。

表 8-1　滚动方式的设置

behavior 的取值	滚动方式的设置
scroll	循环滚动,默认效果
slide	只滚动一次就停止
alternate	来回交替滚动

4. 滚动速度属性 scrollamount

scrollamount 属性能够调整文字滚动的速度。其语法如下:

<marquee scrollamount=" 滚动速度 "> 滚动文字 </marquee>

在该语法中,设置滚动文字的速度实际上是设置滚动文字每次移动的长度,以像素为单位。

5. 滚动延迟属性 scrolldelay

scrolldelay 属性可以设置滚动文字滚动的时间间隔。其语法如下:

<marquee scrolldelay=" 时间间隔 "> 滚动文字 </marquee>

scrolldelay 的时间间隔单位是毫秒,也就是千分之一秒。这一时间间隔是指滚动两步之间的时间间隔,如果设置的时间比较长,会产生走走停停的效果。

6. 滚动循环属性 loop

设置滚动文字后,在默认情况下会不断循环下去,如果希望文字滚动几次后停止,可以使用 loop 参数来进行设置。其语法如下:

<marquee loop=" 循环次数 "> 滚动文字 </marquee>

7. 滚动范围属性 width,height

如果不设置滚动背景的面积,那么在默认情况下,水平滚动的文字背景与文字同高,与浏览器窗口同宽,使用 width 和 height 参数可以调整其水平和垂直范围。其语法如下:

<marquee width=""height=""> 滚动文字 </marquee>

此处宽度和高度的单位均为像素。

8. 滚动背景颜色属性 bgcolor

在网页中,为了突出某部分内容,常常使用不同的背景色来显示。滚动文字也可以单独设置背景颜色。其语法如下:

<marquee bgcolor=" 颜色代码 "> 滚动文字 </marquee>

文字背景颜色设置为十六位颜色代码。

9. 滚动空间属性 hspace，vspace

在滚动文字的四周可以设置水平空间和垂直空间。其语法如下：

\<marquee hspace=" 水平范围 " vspace=" 垂直范围 "\> 滚动文字 \</marquee\>

8.1.4 案例

8.1.4.1 案例说明

利用 \<audio\> 标签及属性 autoplay 实现音频文件的播放，并对浏览器进行支持性检测。

8.1.4.2 详细步骤

步骤 1：启动 HBuilder，新建 HTML5 文档。

步骤 2：编写源代码。

```
<!DOCTYPE html>
<html>
<head>
  <meta charset="UTF-8">
  <title> 设置滚动文字 </title>
</head>
<body>
    <marquee  scrollamount="100" scrolldelay="10" loop="3" direction="right"
behavior="scroll" bgcolor="#FF0000" width="500" height="50"hspace="20" vspace="5"> 重
要通知：购物商城年终大促销 </marquee><br/>
    <marquee scrollamount="100" scrolldelay="100" direction="left" behavior="slide"
bgcolor=aqua width="500" height="50"hspace="20" vspace="5"> 全场 8 折起 </marquee><br/>
    <marquee  scrollamount="100" scrolldelay="500" direction="left"  behavior="alternate"
bgcolor="#99FF00" width="500" height="50"hspace="20" vspace="5"> 满 5000 更有神秘豪
礼 </marquee>
</body>
</html>
```

步骤 3：保存网页，在 Firefox 中预览效果，如图 8-1 所示。

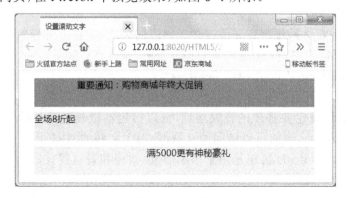

图 8-1 预览效果

8.1.5　练习测评

在 HTML5 中,设置滚动延迟、滚动速度、滚动方式及滚动空间的属性分别是＿＿＿＿、＿＿＿＿、＿＿＿＿、＿＿＿＿。

8.1.6　实操编程

建立网页,设置滚动文字,并利用学过的属性对滚动文字加以修饰。

8.2　播放音乐"你是我的眼 .mp3"

8.2.1　学习目的

掌握使用 HTML5 中 <audio> 标签的方法。

8.2.2　使用场景

在网页中播放音乐"你是我的眼 .mp3"。

8.2.3　知识要点

8.2.3.1　要点综述

利用 <audio> 标签及属性实现音频文件的播放,并对浏览器进行支持性检测。

8.2.3.2　要点细化

HTML5 新增了音频标签。下面讲述音频的基本概念、常用属性、解码器和浏览器的支持情况。音频文件大多数是通过插件来播放的,例如常见的播放插件 Flash。这就是用户在用浏览器播放音乐时常常需要安装 Flash 插件的原因。但是,并不是所有的浏览器都拥有同样的插件。

为此,和 HTML4 相比,HTML5 新增了 <audio> 标签,规定了一种包含音频的标准方法。

1．<audio> 标签概述

<audio> 标签是定义播放声音文件或者音频流的标准,支持三种音频格式,分别为 OGG,MP3 和 WAV。如果需要在 HTML5 网页中播放音频,基本格式如下:

```
<audio src="song.mp3" controls="controls">
</audio>
```

注:其中 src 属性规定要播放的音频地址,可以指定本地相对路径的音频文件,也可以指定一个完整的 URL 地址(当前可以访问的互联网 MP3 文件的 URL 地址,只有该文件确实存在,访问才会成功)。controls 属性是用于添加播放、暂停和音量控件的。另外,在 <audio> 与 </audio> 之间插入的内容是供不支持 audio 元素的浏览器显示的。

2. 浏览器对 <audio> 标签的支持情况

目前,不同的浏览器对 <audio> 标签的支持不同。表 8-2 中列出了应用比较广泛的浏览器对 <audio> 标签的支持情况。

表 8-2　各浏览器对 <audio> 标签的支持情况

<audio> 标签	浏览器				
	Firefox 3.5 及更高版本	Internet Explorer 9.0 及更高版本	Opera 10.5 及更高版本	Chrome 3.0 及更高版本	Safari 3.0 及更高版本
OGG	支持		支持	支持	
MP3		支持		支持	支持
WAV	支持		支持		支持

3. <audio> 标签的属性

<audio> 标签的常见属性和含义见表 8-3。

表 8-3　<audio> 标签的常见属性和含义

属性	值	描述
autoplay	autoplay	音频在就绪后会马上播放
controls	controls	向用户显示控件,比如播放按钮
loop	loop	每当音频结束时将重新开始播放
preload	preload	音频在页面加载的同时进行加载,并预备播放。如果使用 autoplay,则忽略该属性
src	url	要播放的音频的 URL 地址
autobuffer	autobuffer	在网页显示时,该二进制属性表示是由用户代理(浏览器)自动缓冲,还是由用户使用机关 API 进行内容缓冲

4. <source> 标签

在现实生活中,网页访问者会使用各种浏览器,所以为了使所有人在访问网页时都可以正常地听到音频,需要在代码中做一些设计,即在 <audio> 标签中同时套用 audio 支持的三种音频格式文件。这就需要使用 <source> 标签,<source> 标签可以嵌套在 <audio> 标签内,具体格式如下:

```
<!DOCTYPE html>
<html>
<head>
  <meta charset="UTF-8">
  <title>audio</title>
</head>
<body>
  <audio controls="controls" >
    <source src=" 你是我的眼 .mp3" type="audio/mpeg">
    <source src=" 你是我的眼 .ogg" type="audio/ogg">
    <source src=" 你是我的眼 .wav" type="audio/wave">
    您的浏览器不支持 <audio> 标签!
  </audio>
```

```
</body>
</html>
```

注：三个音频文件是同一段音频，只是使用了三种音频格式，type 属性用于定义对应文件的格式类型。当文件被不同浏览器打开时，浏览器会选择自身识别的第一个文件打开，如 Firefox 浏览器支持 OGG 和 WAV 格式的文件，所以会打开"你是我的眼 .ogg"文件进行播放。

5. 音频解码器

音频解码器定义了音频数据流编码和解码的算法。其中，编码器主要是对数据流进行编码操作，用于存储和传输。音频播放器主要是对音频文件进行解码，然后进行播放操作。目前，使用较多的音频解码器是 Vorbis 和 ACC。

8.2.4　案例

8.2.4.1　案例说明

利用 <audio> 标签及属性 autoplay 实现音频文件的播放，并对浏览器进行支持性检测。

8.2.4.2　详细步骤

步骤 1：启动 HBuilder，新建 HTML5 文档。

步骤 2：编写源代码。

```
<!DOCTYPE html>
<html>
<head>
  <meta charset="UTF-8">
  <title>audio</title>
</head>
<body>
  <audio src=" 你是我的眼 .mp3" controls="controls" autoplay loop>
    您的浏览器不支持 <audio> 标签！
  </audio>
</body>
</html>
```

步骤 3：保存网页，在网页文件同级目录中放入音频文件"你是我的眼 .mp3"，然后使用 Chrome 浏览器打开网页文件。不需要操作浏览器，加载完音频后会自动播放，播放完成后也会自动循环重播，预览效果如图 8-2 所示。

图 8-2　预览效果

步骤 4：若用户的浏览器是 Internet Explorer 9.0 之前的版本，则浏览效果如图 8-3 所示。

可见，Internet Explorer 9.0 之前版本的浏览器不支持 <audio> 标签。

图 8-3　浏览器支持性检测

8.2.5　练习测评

（1）在 HTML5 中，<audio> 标签属性 autoplay 值为_____时，表示每当音频结束后重新开始播放。

（2）在 HTML5 中，<audio> 标签是定义播放声音文件或者音频流的标准，支持三种音频格式，分别为_____、_____和 WAV。

8.2.6　实操编程

建立网页，在网页中实现音频文件的播放。

8.3　播放视频 "海洋世界 .mp4"

8.3.1　学习目的

掌握使用 HTML5 中 <video> 标签的方法。

8.3.2　使用场景

在网页中播放视频 "海洋世界 .mp4"。

8.3.3　知识要点

8.3.3.1　要点综述

利用 <video> 标签及属性实现视频文件的播放，并对浏览器进行支持性检测。

8.3.3.2　要点细化

和音频文件播放方式一样，大多数视频文件在网页中也是通过插件来播放的，常见的播放插件为 Flash。由于不是所有的浏览器都拥有同样的插件，所以就需要一种统一的包含视频的标准方法。为此，和 HTML4 相比，HTML5 新增了 <video> 标签。

1. <video> 标签概述

<video> 标签主要是定义播放视频文件或者视频流的标准,支持三种视频格式,分别为 OGG,WEBM 和 MPEG4。如果需要在 HTML5 网页中播放视频,基本格式如下:

<video src="1.mp4"controls="controls">

</video>

其中,src 属性规定要播放的视频地址,可以指定本地相对路径的视频文件,也可以指定一个完整的 URL 地址(当前可以访问的互联网的 MP4 文件的 URL 地址,只有该文件确实存在,访问才会成功)。在 <video> 与 </video> 之间插入的内容是供不支持 video 元素的浏览器显示的。

2. 浏览器对 <video> 标签的支持情况

目前,不同的浏览器对 <video> 标签支持不同。表 8-4 中列出了应用比较广泛的浏览器对 <video> 标签的支持情况。

表 8-4　浏览器对 <video> 标签的支持情况

<video> 标签	浏览器				
	Firefox 4.0 及更高版本	Internet Explorer 9.0 及更高版本	Opera 10.6 及更高版本	Chrome 6.0 及更高版本	Safari 3.0 及更高版本
OGG	支持		支持	支持	
MPEG4		支持		支持	支持
WEBM	支持		支持	支持	

3. <video> 标签的属性

<video> 标签的常见属性和含义见表 8-5。

表 8-5　<video> 标签的常见属性和含义

属性	值	描述
autoplay	autoplay	视频在就绪后会马上播放
controls	controls	向用户显示控件,如播放按钮
loop	loop	每当视频结束时重新开始播放
preload	preload	视频在页面加载的同时进行加载,并预备播放。如果使用 autoplay,则忽略该属性
src	url	要播放的视频的 URL
width	宽度值	设置视频播放器的宽度
height	高度值	设置视频播放器的高度
poster	url	当视频未响应或缓冲不足时,该属性值链接到一个图像,该图像将以一定比例被显示出来

由表 8-5 可知,用户可以自定义视频文件显示的大小。例如想让视频以 320 像素 × 240 像素显示,可以加入 width 和 height 属性。具体格式如下:

<video width="320" height="240" controls src="video.mp4">

</video>

考虑到浏览器对视频格式的支持,同样可以使用 <source> 标签嵌套。具体格式如下:

<video controls="controls">

　<source src="video.ogg" type="video/ogg">

```
    <source src="video.mp4" type="video/mp4">
</video>
```

4．视频解码器

视频解码器定义了视频数据流编码和解码的算法。其中，编码器主要是对数据流进行编码操作，用于存储和传输。视频播放器主要是对视频文件进行解码，然后进行播放操作。

目前，在 HTML5 中，使用比较多的视频解码文件是 THEORA，H.264 和 VP8。

8.3.4 案例

8.3.4.1 案例说明

利用 <video> 标签及属性 controls 实现视频文件的播放，并对浏览器进行支持性检测。

8.3.4.2 详细步骤

步骤 1：启动 HBuilder，新建 HTML5 文档。

步骤 2：编写源代码。

```
<!DOCTYPE html>
<html>
<head>
    <meta charset="UTF-8">
    <title>video</title>
</head>
<body>
    <video width="400" height="300" src=" 海洋世界 .mp4" controls>
        您的浏览器不支持 <video> 标签！
    </video>
</body>
</html>
```

步骤 3：保存网页，在网页文件同级目录中放入视频文件"海洋世界 .mp4"，然后使用 Chrome 浏览器打开网页文件。视频文件播放窗口尺寸被调整为 400 像素×300 像素，预览效果如图 8-4 所示。

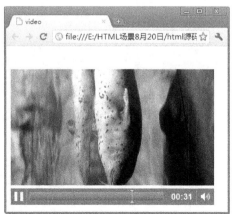

图 8-4　预览效果

步骤 4：若用户的浏览器是 Internet Explorer 9.0 之前的版本，则浏览效果如图 8-5 所示。可见，Internet Explorer 9.0 之前版本的浏览器不支持 <video> 标签。

图 8-5　浏览器支持性检测

8.3.5　练习测评

（1）在 HTML5 中，<video> 标签属性 autoplay 值为＿＿＿＿＿＿时，表示向用户显示控件，如播放按钮。

（2）在 HTML5 中，<video> 标签是定义播放视频文件或者视频流的标准，支持三种音频格式，分别为＿＿＿＿＿、＿＿＿＿＿和 MPEG4。

8.3.6　实操编程

建立网页，在网页中实现视频文件的播放。

CHAPTER 9
第 9 章   网页 canvas 绘制图形

HTML5 呈现了很多在之前的版本中没有的新特性，如 HTML canvas，用户可以通过 canvas 在网页上绘制图形。本章主要讲解利用 canvas 在网页上绘制图形的方法。

9.1   绘制矩形

9.1.1   学习目的

掌握在 HTML5 中使用 canvas 结合 JavaScript 绘制矩形。

9.1.2   使用场景

绘制绿色矩形。

9.1.3   知识要点

9.1.3.1   要点综述

利用 canvas 结合 JavaScript 绘制矩形。

9.1.3.2   要点细化

HTML5 呈现了很多新特性，这在之前的版本中是不可能见到的。其中最值得一提的特性就是 canvas，它可以对 2D 图形或位图进行动态、脚本的渲染。canvas 是一个矩形区域，使用 JavaScript 可以控制其中的每一个像素。

1. canvas 概述

canvas 是一个新的 HTML 元素，这个元素可以被 Script 语言（通常是 JavaScript）用来绘制图形。例如可以用它来画图、合成图像或制作简单的动画。

2. 添加 canvas 元素

\<canvas\> 标签是一个矩形区域，它包含两个属性，即 width 和 height，分别表示矩形区域的宽度和高度，这两个属性都是可选的，并且都可以通过 CSS 来定义，其默认值是 300 像素和

150 像素。

canvas 在网页中的常用形式如下：

```
<canvas id="myCanvas" width="300" height="200"style="border:1px solid #c3c3c3;">
    Your browser does not support the canvas element.
</canvas>
```

在以上示例中，id 表示画布对象名称，width 和 height 分别表示宽度和高度。最初的画布是不可见的。为了观察这个矩形区域，这里使用了 CSS 样式，即 style 标识。style 表示画布的样式。如果浏览器不支持画布标记，会显示画布中间的提示信息。

画布 canvas 本身不具有绘制图形的功能，只是一个容器。如果读者对 Java 语言非常了解，就会发现 HTML5 的画布和 Java 中的 Panel 面板非常相似，都可以在容器内绘制图形。放好了 canvas 画布元素后，就可以使用脚本语言 JavaScript 在网页上绘制图像了。

3. 使用 canvas 结合 JavaScript 绘制矩形

使用 canvas 结合 JavaScript 绘制图形，一般情况下需要以下几个步骤：

（1）JavaScript 使用 id 寻找 canvas 元素，即获取当前画布对象，其代码如下：

```
var c=document.getElementById("myCanvas");
```

（2）创建 context 对象，其代码如下：

```
var cxt=c.getContext("2d");
```

getContext 方法返回一个指定 contextId 的上下文对象，如果指定的 id 不被支持，则返回 null，当前唯一被强制支持的是 2d，也许在将来会有 3d。注意：指定的 id 是大小写敏感的。对象 cxt 建立之后，就可以拥有多种绘制路径、矩形、圆形、字符以及添加图像的方法。

（3）绘制图形，其代码如下：

```
cxt.fillStyle="rgb(0,200,0)";
cxt.fillRect(10,20,300,200);
```

fillStyle 方法将图形染成绿色，fillRect 方法规定了形状、位置和尺寸。这两行代码将绘制一个绿色的矩形。注意：fileStyle 用于设定填充的颜色、透明度等。如果设置为 rgb(0,200,0)，则表示绿色，不透明；如果设置为 rgba(0,200,0,0.5)，也表示为绿色，透明度为 50%。

使用 canvas 和 JavaScript 绘制一个矩形，可能会涉及一种或多种方法，这些方法见表9-1。

表9-1 绘制矩形涉及的方法

方法或属性	功能
fillRect	绘制一个矩形，这个矩形区域没有边框，只有填充色。这个方法有四个参数，前两个参数表示左上角的坐标位置，第三个参数为长度，第四个参数为高度
stokeRect	绘制一个带边框的矩形。该方法的四个参数的解释同 fillRect 方法
clearRect	清除一个矩形区域，被清除的区域将没有任何线索。该方法的四个参数的解释同 fillRect 方法
fillStyle	对图形的内部填充颜色
globalAlpha	此属性影响到 <canvas> 标签中所有图形的透明度，有效值的范围是 0.0（完全透明）~1.0（完全不透明）。此属性在需要绘制大量拥有相同透明度的图形时相当高效

9.1.4　案例

9.1.4.1　案例说明

利用 canvas 结合 JavaScript 绘制矩形。

9.1.4.2　详细步骤

步骤 1：启动 HBuilder，新建 HTML5 文档。

步骤 2：编写源代码。

```
<!DOCTYPE html>
<html>
<body>
  <canvas id="mycanvas" width="320" height="240" style="border:2px solid red">
    your browser does not support the canvas element.
  </canvas>
  <script type="text/javascript">
    var c=document.getElementById("mycanvas");
    var cxt=c.getContext("2d");
    cxt.fillStyle="rgb(0,200,0)";
    cxt.fillRect(10,20,300,200);
  </script>
</body>
</html>
```

步骤 3：在 Firefox 中预览效果，如图 9-1 所示，可以看出网页中在一个红色边框里显示了一个绿色长方形。

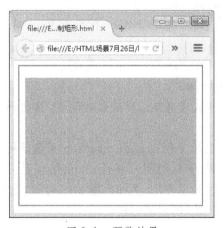

图 9-1　预览效果

9.1.5　练习测评

在 HTML5 中，使用 canvas 和 JavaScript 绘制一个矩形时，_____方法绘制的矩形没有边框，_____方法绘制的矩形带边框。_____方法清除一个矩形区域。

9.1.6　实操编程

绘制一个带边框的长度为 200、宽度为 100 的矩形。

9.2　绘制线性渐变

9.2.1　学习目的

掌握在 HTML5 中使用 canvas 结合 JavaScript 绘制线性渐变。

9.2.2　使用场景

绘制线性渐变。

9.2.3　知识要点

9.2.3.1　要点综述

利用 canvas 结合 JavaScript 绘制线性渐变。

9.2.3.2　要点细化

渐变是两种或更多颜色的平滑过渡,是指在颜色集上使用逐步抽样算法将结果应用于描边样式和填充样式中。canvas 的绘图上下文支持两种类型的渐变,即线性渐变和放射性渐变,其中放射性渐变也称为径向渐变。使用渐变需要三个步骤:

(1)创建渐变对象,其代码如下:

var gradient=cxt.createLinearGradient(0,0,0,canvas.height);

(2)为渐变对象设置颜色,指明过渡方式,其代码如下:

gradient.addColorStop(0,"#fff");

gradient.addColorStop(1,"#000");

(3)在 context 上为填充样式或者描边样式设置渐变,其代码如下:

cxt.fillStyle=gradient;

要设置显示颜色,在渐变对象上使用 addColorStop 函数即可。除了可以变换成其他颜色外,还可以为颜色设置 alpha 值(例如透明),并且 alpha 值也是可以变化的。为了实现这样的效果,需要使用颜色值的另一种表示方法,例如内置 alpha 组件的 CSSrgba 函数。

绘制线性渐变会使用到表 9-2 所示的方法。

表 9-2　绘制线性渐变用到的方法

方法	功能
addColorStop	函数允许指定颜色和偏移量两个参数。颜色参数是指开发人员希望在偏移位置或填充时所使用的颜色。偏移量是一个 0.0 ~ 1.0 之间的数值,代表沿着渐变线渐变的距离
createLinearGradient (x0,y0,x1,x1)	沿着直线从(x0, y0)至(x1, y1)绘制渐变

9.2.4 案例

9.2.4.1 案例说明

利用 canvas 结合 JavaScript 绘制线性渐变。

9.2.4.2 详细步骤

步骤 1：启动 HBuilder，新建 HTML5 文档。

步骤 2：编写源代码。

```
<!DOCTYPE html>
<html>
<head>
  <meta charset="UTF-8">
  <title> 绘制线性渐变 </title>
</head>
<body>
  <h1> 线性渐变 </h1>
  <canvas id="mycanvas" width="320" height="240" style="border:2px solid red"/>
  <script type="text/javascript">
    var c=document.getElementById("mycanvas");
    var cxt=c.getContext("2d");
    var gradient=cxt.createLinearGradient(0,0,0,mycanvas.height);
    gradient.addColorStop(0,'#fff');
    gradient.addColorStop(1,'#000');
    cxt.fillStyle=gradient;
    cxt.fillRect(0,0,320,320);
  </script>
</body>
</html>
```

步骤 3：在 Firefox 中预览效果，如图 9-2 所示，可以看出网页中创建了一个垂直方向上的渐变，从上到下颜色逐渐变深。

图 9-2　预览效果

9.2.5 练习测评

在 HTML5 中,使用 canvas 和 JavaScript 绘制线性渐变时,_____方法为渐变对象设置颜色,指明过渡方式,_____方法用来设置渐变对象。

9.2.6 实操编程

绘制线性渐变。

9.3 绘制径向渐变

9.3.1 学习目的

掌握在 HTML5 中使用 canvas 结合 JavaScript 绘制径向渐变。

9.3.2 使用场景

绘制径向渐变。

9.3.3 知识要点

9.3.3.1 要点综述

利用 canvas 结合 JavaScript 绘制径向渐变。

9.3.3.2 要点细化

除了线性渐变以外,HTML5 canvas API 还支持放射性渐变,所谓放射性渐变就是颜色沿两个指定圆间的锥形区域平滑变化。放射性渐变和线性渐变使用的颜色终止点是一样的。如果要实现放射性渐变,即径向渐变,需要使用方法 createRadialGradient。

createRadialGradient(x0,y0,r0,x1,y1,r1) 方法表示沿着两个圆之间的锥面绘制渐变。其中,前三个参数代表开始的圆,圆心为(x0,y0),半径为 r0。最后三个参数代表结束的圆,圆心为(x1,y1),半径为 r1。

以上代码中,首先创建渐变对象 gradient,此处使用方法 createRadialGradient 创建了一个径向渐变,再使用 addColorStop 添加颜色,最后将渐变填充到上下文环境中。

9.3.4 案例

9.3.4.1 案例说明

利用 canvas 结合 JavaScript 绘制径向渐变。

9.3.4.2 详细步骤

步骤 1:启动 HBuilder,新建 HTML5 文档。

步骤 2：编写源代码。

```
<!DOCTYPE html>
<html>
<head>
  <meta charset="UTF-8">
  <title> 绘制径向渐变 </title>
</head>
<body>
  <h1> 径向渐变 </h1>
  <canvas id="mycanvas" width="320" height="240" style="border:2px solid red"/>
  <script type="text/javascript">
    var c=document.getElementById("mycanvas");
    var cxt=c.getContext("2d");
    var gradient=cxt.createRadialGradient(mycanvas.width/2,mycanvas.height/2,0,mycanvas.width/2,mycanvas.height/2,150);
    gradient.addColorStop(0,'#fff');
    gradient.addColorStop(1,'#000');
    cxt.fillStyle=gradient;
    cxt.fillRect(0,0,320,320);
  </script>
</body>
</html>
```

步骤 3：在 Firefox 中预览效果，如图 9-3 所示，可以看出网页中从圆的中心亮点开始向外逐步发散，形成了一个径向渐变。

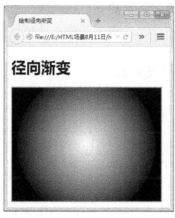

图 9-3　预览效果

9.3.5　练习测评

在 HTML5 中，绘制径向渐变的方法是＿＿＿＿＿＿。

9.3.6 实操编程

绘制径向渐变。

9.4 绘制直线

9.4.1 学习目的

掌握在 HTML5 中使用 canvas 结合 JavaScript 绘制直线。

9.4.2 使用场景

绘制直线。

9.4.3 知识要点

9.4.3.1 要点综述

利用 canvas 结合 JavaScript 绘制直线。

9.4.3.2 要点细化

moveTo 与 lineTo 的用法:在每个 canvas 实例对象中都拥有一个 path 对象,创建自定义图形的过程是不断对 path 对象操作的过程。每当开始一次新的图形绘制任务,都需要先使用 beginPath() 方法来重置 path 对象至初始状态,进而通过一系列对 moveTo/lineTo 等画线方法的调用,绘制期望的路径,其中 moveTo(x,y) 方法设置绘图起始坐标,而 lineTo(x,y) 等画线方法可以从当前起点绘制直线、圆弧以及曲线到目标位置。最后一步,也是可选的步骤,是调用 closePath() 方法将自定义图形进行闭合,该方法将自动创建一条从当前坐标到起始坐标的直线。

绘制直线常用的方法及含义见表 9-3。

表 9-3 绘制直线常用的方法

方法或属性	功能
moveTo(x,y)	不绘制,只是将当前位置移动到新目标坐标(x, y),并作为线条开始点
lineTo(x,y)	绘制线条到指定的目标坐标(x, y),并且在两个坐标之间画一条直线。不管调用哪一个,都不会真正画出图形,因为还没有调用 stoke(绘制)和 fill(填充)函数。当前,只是在定义路径的位置,以便后面绘制时使用
closePath( )	用于在当前点与起始点之间绘制一条路径,使图形成为封闭图形
strokeStyle	指定线条的颜色
lineWidth	设置线条的粗细
lineCap	该属性决定了线段端点显示的样子,值有 butt, round, square 三种,默认是 butt
lineJoin	该属性决定了图形中两线段连接处所显示的样子,值有 round, bevel, miter 三种,默认是 miter

9.4.4 案例

9.4.4.1 案例说明

利用 canvas 结合 JavaScript 绘制直线。

9.4.4.2 详细步骤

步骤 1：启动 HBuilder，新建 HTML5 文档。

步骤 2：编写源代码。

```html
<!DOCTYPE html>
<html>
<body>
    <canvas id="mycanvas" width="320" height="240" style="border:2px solid red">
        your browser does not support the canvas element.
    </canvas>
    <script type="text/javascript">
        var c=document.getElementById("mycanvas");
        var cxt=c.getContext("2d");
        cxt.beginPath();
        cxt.strokeStyle="rgb(0,200,0)";
        cxt.moveTo(30,30);
        cxt.lineTo(200,30);
        cxt.lineTo(200,200);
        cxt.lineWidth=20;
        cxt.stroke();
        cxt.closePath();
    </script>
</body>
</html>
```

步骤 3：在 Firefox 中预览效果，如图 9-4 所示，可以看出网页中绘制了两条直线，并在某一点交叉。

图 9-4　预览效果

9.4.5 练习测评

在 HTML5 中,绘制直线时,_____方法实现将当前位置移动到新目标坐标,并作为线条的开始;_____方法指定线条的颜色;_____方法设置线条的粗细;_____方法绘制线条到指定的目标坐标,并且在两个坐标之间画一条直线。

9.4.6 实操编程

绘制直线。

9.5 绘制圆形

9.5.1 学习目的

掌握在 HTML5 中使用 canvas 结合 JavaScript 绘制圆形。

9.5.2 使用场景

绘制圆形。

9.5.3 知识要点

9.5.3.1 要点综述

利用 canvas 结合 JavaScript 绘制圆形。

9.5.3.2 要点细化

基于 canvas 的绘图并不是直接在 canvas 标记所创建的绘图画面上进行绘图操作,而是依赖画面所提供的渲染上下文来操作,所有的绘图命令和属性都定义在渲染上下文当中。在通过 canvas id 获取相应的 DOM 对象之后,首先要做的事情就是获取渲染上下文对象。渲染上下文与 canvas 一一对应。无论对同一 canvas 对象调用几次 getContext() 方法,都将返回同一个上下文对象。

在画布中绘制圆形,可能会涉及表 9-4 所示的几种方法。

表 9-4　在画布中绘制圆形涉及的方法

方法	功能
beginPath()	开始绘制路径
arc(x,y,radius,startAngle,endAngle,anticlockwise)	x 和 y 定义的是圆的原点;radius 是圆的半径;startAngle 和 endAngle 是弧度,不是度数;anticlockwise 用来定义所画圆的方向,值是 true 或 false
fill()	进行填充
stroke()	设置边框

路径是绘制自定义图形的好方法,在 canvas 中通过 beginPath() 方法开始路径绘制。这

个时候就可以绘制直线、曲线等,绘制完成后调用 fill() 和 stroke() 完成填充和边框设置,通过 closePath() 方法结束路径的绘制。

9.5.4 案例

9.5.4.1 案例说明

利用 canvas 结合 JavaScript 绘制圆形。

9.5.4.2 详细步骤

步骤 1:启动 HBuilder,新建 HTML5 文档。

步骤 2:编写源代码。

```
<!DOCTYPE html>
<html>
<body>
  <canvas id="mycanvas" width="320" height="240" style="border:2px solid red">
    your browser does not support the canvas element.
  </canvas>
  <script type="text/javascript">
    var c=document.getElementById("mycanvas");
    var cxt=c.getContext("2d");
    cxt.fillStyle="rgb(0,200,0)";
    cxt.beginPath();
    cxt.arc(160,120,80,0,Math.PI*2,true);
    cxt.closePath();
    cxt.fill();
  </script>
</body>
</html>
```

步骤 3:在 Firefox 中预览效果,如图 9-5 所示,可以看出网页中在矩形边框里显示了一个绿色的圆。

图 9-5　预览效果

9.5.5 练习测评

在 HTML5 中,绘制圆形时,_____方法实现绘制圆形,_____方法完成填充。

9.5.6 实操编程

绘制圆形。

9.6 变换图形原点坐标多次绘制矩形

9.6.1 学习目的

掌握在 HTML5 中利用 canvas 结合 JavaScript 通过变换图形原点坐标多次绘制图形。

9.6.2 使用场景

通过变换图形原点坐标多次绘制矩形。

9.6.3 知识要点

9.6.3.1 要点综述

利用 canvas 结合 JavaScript 通过变换图形原点坐标多次绘制矩形。

9.6.3.2 要点细化

画布 canvas 不但可以使用 moveTo 这样的方法来移动画笔、绘制图形和线条,还可以使用变换的方法来调整画笔下的画布。变换的方法包括平移、缩放和旋转等。

1. 平移

语法:translate(x,y)

参数说明:

x:将坐标轴原点向左移动多少个单位,默认情况下为像素。

y:将坐标轴原点向下移动多少个单位。

平移即将绘图区相对于当前画布的左上角进行平移。如果不进行变形,绘图区的原点和画布原点是重叠的,绘图区相当于画图软件里的热区或当前层;如果进行变形,则坐标位置会移动到一个新位置。

如果要对图形实现平移,就需要使用方法 translate(x,y),该方法表示在平面上平移,即以原来的原点作为参考,然后以偏移后的位置作为坐标原点,也就是说如果原来在(100, 100),执行 translate(20,20) 后,新的坐标原点在(120, 120)而不是(20, 20)。

2. 缩放

语法:scale(x,y)

参数说明:

x：水平方向的放大倍数，取值范围在 0 ～ 1 之间时为缩小，大于 1 时为扩大。

y：垂直方向的放大倍数，取值范围及方法同上。

3. 旋转

语法：rotate(angle)

参数说明：

angle：旋转的角度，旋转的中心点是坐标轴的原点。旋转是以顺时针方向进行的，要想逆时针方向旋转，将 angle 设置为负数即可。

9.6.4 案例

9.6.4.1 案例说明

利用 canvas 结合 JavaScript 通过变换原点坐标多次绘制矩形。

9.6.4.2 详细步骤

步骤 1：启动 HBuilder，新建 HTML5 文档。

步骤 2：编写源代码。

```
<!DOCTYPE html>
<html>
<head>
  <meta charset="UTF-8"/>
  <title> 绘制多个矩形 </title>
  <script>
    function draw(id)
      {var c=document.getElementById(id);
        if(c==null)
        return false;
        var cxt=c.getContext("2d");
        cxt.fillStyle='rgba(0,200,0,0.25)';
        cxt.fillRect(0,0,320,240);
        cxt.translate(80,40);
        cxt.fillStyle='rgba(0,200,0,0.75)';
        for(var i=0;i<7;i++)
          {cxt.translate(20,20);
           cxt.fillRect(0,0,80,40);
          }
      }
  </script>
</head>
<body onLoad="draw('c');">
  <canvas id="c" width="320" height="240"/>
```

</body>
</html>

步骤 3：在 Firefox 中预览效果，如图 9-6 所示，可以看出网页中从坐标位置（80，40）开始绘制矩形，且每次以指定的平移距离进行绘制。

图 9-6　预览效果

9.6.5　练习测评

在 HTML5 中，如果要对图形实现平移，需要使用方法_____，该方法表示在平面上平移，即以原来的原点作为参考，然后以偏移后的位置作为坐标原点。

9.6.6　实操编程

动手练习通过变换原点坐标多次绘制矩形。
要求：绘制四个矩形。

9.7　组合矩形与圆形

9.7.1　学习目的

掌握在 HTML5 中利用 canvas 结合 JavaScript 组合图形。

9.7.2　使用场景

组合矩形与圆形。

9.7.3　知识要点

9.7.3.1　要点综述

利用 canvas 结合 JavaScript 组合图形。

9.7.3.2 要点细化

根据前面介绍的知识,可以将一个图形绘制在另一个图形之上,大多数情况下,这样是不够的。例如,这样会受制于图形的绘制顺序。不过,可以利用 globalCompositeOperation 属性来改变这种做法,它不仅可以在已有图形后面绘制新图形,还可以用来遮掩、清除某些区域(比 clearRect 方法强劲得多)。

其语法格式如下:

globalCompositeOperation=type

该语法表示设置不同形状的组合类型,其中 type 表示方的图形是已存在的 canvas 内容,圆的图形是新的形状,其默认值为 source-over,表示在 canvas 内容上面绘制新的形状。

属性值 type 具有 12 个含义,见表 9-5。

表 9-5 属性值 type 的含义

属性值	说明
sour-over(default)	默认设置,新图形会覆盖在原有内容之上
destination-over	会在原有内容之下绘制新图形
source-in	新图形仅仅显示与原有内容重叠的部分,其他区域都变成透明的
destination-in	原有内容中与新图形重叠的部分会被保留,其他区域都变成透明的
source-out	只有新图形中与原有内容不重叠的部分会被绘制出来
destination-out	原有内容中与新图形不重叠的部分会被保留
source-atop	新图形中与原有内容重叠的部分会被绘制,并覆盖于原有内容之上
destination-atop	原有内容中与新内容重叠的部分会被保留,并会在原有内容之下绘制新图形
lighter	两个图形中重叠的部分绘制两种颜色值相加的颜色
darker	两个图形中重叠的部分绘制两种颜色值相减的颜色
xor	重叠的部分会变透明
copy	只有新图形会被保留,其他都被清除掉

9.7.4 案例

9.7.4.1 案例说明

利用 canvas 结合 JavaScript 组合矩形与圆形。

9.7.4.2 详细步骤

步骤 1:启动 HBuilder,新建 HTML5 文档。

步骤 2:编写源代码。

```
<!DOCTYPE html>
<html>
<head>
  <meta charset="UTF-8"/>
  <title> 绘制图形组合 </title>
```

```
<script>
   function draw(id)
     {var c=document.getElementById(id);
      if(c==null)
      return false;
      var cxt=c.getContext("2d");
      <!-- 绘制一个矩形,并设置矩形的颜色 -->
      cxt.fillStyle="green";
      cxt.fillRect(20,20,100,80);
      <!-- 设置图形组合方式:两图形重叠部分做加色处理 -->
      cxt.globalCompositeOperation="lighter";
      <!-- 绘制圆形并设置属性 -->
      cxt.fillStyle="red";
      cxt.beginPath();
      cxt.arc(100,100,50,0,Math.PI*2,false);
      cxt.closePath();
      cxt.fill();
      }
   </script>
</head>
<body onLoad="draw('c');">
   <canvas id="c" width="320" height="240"/>
</body>
</html>
```

步骤 3:在 Firefox 中预览效果,如图 9-7 所示,可以看出在显示页面上绘制了一个矩形和圆形,矩形和圆形重叠的地方做了加色处理。

图 9-7　预览效果

9.7.5　练习测评

在 HTML5 中,组合图形可利用_____属性来实现,其中属性值_____表示只有新图形会被保留,其他都会被清除掉。

9.7.6 实操编程

动手练习组合矩形和圆形。

要求:两个图形重叠的部分做透明处理。

9.8 绘制带阴影效果的矩形

9.8.1 学习目的

掌握在 HTML5 中,利用 canvas 结合 JavaScript 绘制带阴影效果的矩形。

9.8.2 使用场景

绘制带阴影效果的矩形。

9.8.3 知识要点

9.8.3.1 要点综述

利用 canvas 结合 JavaScript 绘制带阴影效果的矩形。

9.8.3.2 要点细化

在画布 canvas 上绘制带有阴影效果的图形非常简单,只需要设置几个属性即可。这几个属性如下:

(1)shadowOffsetX:表示阴影的 X 偏移量,单位是像素。

(2)shadowOffsetY:表示阴影的 X 和 Y 偏移量,单位是像素。

(3)shadowBlur:设置阴影模糊程度,此值越大,阴影越模糊。

(4)shadowColor:表示阴影颜色,其值和 CSS 颜色值一致。

9.8.4 案例

9.8.4.1 案例说明

利用 canvas 结合 JavaScript 绘制带阴影效果的矩形。

9.8.4.2 详细步骤

步骤 1:启动 HBuilder,新建 HTML5 文档。

步骤 2:编写源代码。

```
<!DOCTYPE html>
<html>
<head>
```

```
    <title> 绘制阴影效果矩形 </title>
  </head>
  <body>
    <canvas id="mycanvas" width="320" height="240" style="border:2px solid red">
      your browser does not support the canvas element.
    </canvas>
    <script type="text/javascript">
      var c=document.getElementById("mycanvas");
      if(c&&c.getContext)
      {var cxt=c.getContext("2d");
       //shadowOffsetX 和 shadowOffsetY：阴影的 X 和 Y 偏移量，单位是像素
       cxt.shadowOffsetX=10;
       cxt.shadowOffsetY=10;
       //shadowBlur：设置阴影模糊程度，此值越大，阴影越模糊
       cxt.shadowBlur=20;
       //shadowColor：阴影颜色
       cxt.shadowColor="rgba(255,0,0,0.5)"
       cxt.fillStyle="rgb(0,200,0)";
       cxt.fillRect(10,20,300,200);
       }
    </script>
  </body>
</html>
```

步骤 3：在 Firefox 中预览效果，如图 9-8 所示，可以看出在显示页面上绘制了一个绿色矩形，其阴影为红色矩形。

图 9-8　预览效果

9.8.5　练习测评

在 HTML5 中，绘制带阴影效果矩形时，_____属性表示阴影的 X 偏移量；_____属

性表示阴影的 Y 偏移量；_____属性设置阴影模糊程度,此值越大,阴影越模糊；_____属性表示阴影颜色,其值和 CSS 颜色值一致。

9.8.6 实操编程

动手练习绘制带阴影效果的图形。

9.9 绘制图像 "故乡"

9.9.1 学习目的

掌握在 HTML5 中,利用 canvas 结合 JavaScript 采用 drawImage 方法绘制图像。

9.9.2 使用场景

绘制图像 "故乡"。

9.93 知识要点

9.9.3.l 要点综述

利用 canvas 结合 JavaScript 采用 drawImage 方法绘制图像。

9.9.3.2 要点细化

画布 canvas 有一项功能就是可以引入图像,用于图片合成或者制作背景等。而目前仅可以在图像中加入文字。只要是 Geck 支持的图像(如 PNG, GIF, JPEG 等)都可以引入 canvas 中,而且其他的 canvas 元素也可以作为图像的来源。

在画布 canvas 上绘制图像,首先需要一幅图片。这幅图片可以是已经存在的 <img> 元素,也可以通过 JS 创建。无论采用哪种方式,都需要在绘制 canvas 之前加载这张图片。浏览器通常会在页面脚本执行的同时异步加载图片。如果试图在图片未完全加载之前就将其呈现到 canvas 上,那么 canvas 将不会显示任何图片。

1. 捕获和绘制图像方法

捕获和绘制图像完全是通过 drawImage 方法完成的,其具体用法见表 9-6。

表 9-6　捕获和绘制图像方法

方法	说明
drawImage(image,dx,dy)	接收一幅图片,并将其画到 canvas 中。给出的坐标(dx, dy)代表图片的左上角。例如,坐标(0, 0)表示把图片画到 canvas 的左上角
drawImage(image,dx,dy,dw,dh)	接收一幅图片,将其缩放,宽度为 dw,高度为 dh,然后把它画到 canvas 上的(dx, dy)位置
drawImage(image,sx,sy,sw,sh,dx,dy,dw,dh)	接收一幅图片,通过参数(sx, sy, sw, sh)指定图片裁剪的范围,缩放到(dw, dh)大小,最后把它画到 canvas 上的(dx, dy)位置

2. 绘制图像的步骤

（1）使用窗口的 onload 加载事件，即页面被加载时执行函数。

（2）在函数中创建上下文对象 cxt，并创建 Image 对象 img。

（3）使用 img 对象的属性 src 设置图片来源。

（4）使用 drawImage 方法画出当前的图像。

9.9.4 案例

9.9.4.1 案例说明

利用 canvas 结合 JavaScript 采用 drawImage 方法绘制图像。

9.9.4.2 详细步骤

步骤 1：启动 HBuilder，新建 HTML5 文档。

步骤 2：编写源代码。

```
<!DOCTYPE html>
<html>
<head>
  <meta charset="UTF-8"/>
  <title> 绘制图像故乡 </title>
</head>
<body>
  <canvas id="mycanvas" width="500" height="400" style="border:2px solid red">
    your browser does not support the canvas element.
  </canvas>
  <script type="text/javascript">
    window.onload=function()
    {var cxt=document.getElementById("mycanvas").getContext("2d");
     var img=new Image();
     img.src=" 一封家书 .jpg";
     img.onload=function()
     {cxt.drawImage(img,0,0);}
    }
  </script>
</body>
</html>
```

步骤 3：在 Firefox 中预览效果，如图 9-9 所示，可以看出在显示页面上插入了一幅图像，并在画布中显示。

图 9-9　预览效果

9.9.5　练习测评

在 HTML5 中,绘制图像的方法是_____。

9.9.6　实操编程

动手练习在画布中绘制图像。

9.10　平铺图像"故乡"

9.10.1　学习目的

掌握在 HTML5 中利用 canvas 结合 JavaScript 采用函数 creatPattern 平铺图像。

9.10.2　使用场景

平铺图像"故乡"。

9.10.3　知识要点

9.10.3.1　要点综述

利用 canvas 结合 JavaScript 采用函数 creatPattern 平铺图像。

9.10.3.2　要点细化

使用画布 canvas 绘制图像有很多用处,其中之一就是将绘制的图像作为背景图片使用。在做背景图片时,如果显示图片的区域大小不能直接设定,通常将图片以平铺的方式显示。

HTML5 canvas API 支 持 图 片 平 铺,此 时 需 要 调 用 createPattern 函 数,即 调 用 createPattern 函数来代替之前的 drawImage 函数。

1. 图像平铺函数

语法如下：

creatPattern(image,type)

参数说明：

image：要绘制的图像。

type：平铺的类型，见表 9-7。

表 9-7　平铺类型

参数值	说明
no-repeat	不平铺
repeat-x	横向平铺
repeat-y	纵向平铺
repeat	全方向平铺

2. 平铺图像的步骤

（1）使用函数 draw，并在其中创建上下文对象 cxt 和 Image 对象 img。

（2）使用 img 对象的属性 src 设置图片来源。

（3）使用函数 createPattern 绘制一幅图像，其方式是全方向平铺，并将这幅图像作为一个模式填充到矩形中。

（4）绘制此矩形，其大小完全覆盖原来的图形。

9.10.4　案例

9.10.4.1　案例说明

利用 canvas 结合 JavaScript 采用函数 creatPattern 平铺图像。

9.10.4.2　详细步骤

步骤 1：启动 HBuilder，新建 HTML5 文档。

步骤 2：编写源代码。

```
<!DOCTYPE html>
<html>
<head>
  <meta charset="UTF-8"/>
  <title> 平铺图像故乡 </title>
</head>
<body onLoad="draw('mycanvas');">
  <h1> 图形平铺 </h1>
  <canvas id="mycanvas" width="500" height="400" style="border:2px solid red">
    your browser does not support the canvas element.
  </canvas>
  <script>
```

```
function draw(mycanvas)
  {var c=document.getElementById("mycanvas");
   if(c==null)
   {return false;}
   var cxt=c.getContext('2d');
   img=new Image();
   img.src=" 家书 .jpg";
   img.onload=function()
   {var p=cxt.createPattern(img,'repeat');
    cxt.fillStyle=p;
    cxt.fillRect(0,0,500,400);
   }
  }
 </script>
</body>
</html>
```

步骤 3：在 Firefox 中预览效果，如图 9-10 所示，可以看出在显示页面上绘制了一幅图像，以平铺的方式充满整个矩形。

图 9-10 预览效果

9.10.5 练习测评

在 HTML5 中，平铺图像的函数是_____。

9.10.6 实操编程

动手练习在画布中绘制图像并对此图像进行平铺。

9.11 裁剪图像 "故乡"

9.11.1 学习目的

掌握在 HTML5 中利用 canvas 结合 JavaScript 采用 clip 方法对图像进行裁剪。

9.11.2 使用场景

裁剪图像 "故乡"。

9.11.3 知识要点

9.11.3.1 要点综述

利用 canvas 结合 JavaScript 采用 clip 方法对图像进行裁剪。

9.11.3.2 要点细化

在处理图像时经常会遇到裁剪这种需求，即在画布上裁剪出一块区域，这块区域是在裁剪动作 clip 之前由绘图路径设定的，可以是方形、圆形、五角形或其他任何可以绘制的轮廓形状。所以，裁剪路径其实就是绘图路径，只不过这条路径不是用来绘图的，而是用来设定显示区域和遮挡区域的一条分界线。

完成对图像的裁剪可能要用到 clip 方法。clip 方法表示给 canvas 设置一个剪辑区域，调用 clip 方法之后的代码只对这个设定的剪辑区域有效，不会影响其他地方。这种方法在要进行局部更新时很有用。默认情况下，剪辑区域是一个左上角在（0，0）、宽和高分别等于 canvas 元素的宽和高的矩形。

9.11.4 案例

9.11.4.1 案例说明

利用 canvas 结合 JavaScript 采用 clip 方法对图像进行裁剪。

9.11.4.2 详细步骤

步骤 1：启动 HBuilder，新建 HTML5 文档。

步骤 2：编写源代码。

```html
<!DOCTYPE html>
<html>
<head>
    <meta charset="UTF-8"/>
    <title> 绘制图像裁剪 </title>
    <script type="text/javascript" src="script.js"></script>
</head>
```

```
<body onLoad="javascript:draw()">
  <h1> 图形裁剪 </h1>
  <canvas id="mycanvas" width="400" height="300" style="border:2px solid red">
    your browser does not support the canvas element.
  </canvas>
</body>
</html>
```

步骤 3：编写 JavaScript Document。

```
function draw()
  {var c=document.getElementById("mycanvas");
   if(c==null)
   {return false;}
   var cxt=c.getContext('2d');
   myimg=new Image();
   myimg.src=" 一封家书 .jpg";
   myimg.onload=function()
   {showImg(cxt,myimg);};
  }
function showImg(cxtP,img)
  {create8StarClip(cxtP);
   cxtP.drawImage(img,10,10,300,300)}
function create8StarClip(cxtP)
  {var n=0;
   var dx=60;
   var dy=0;
   var s=150;
   cxtP.beginPath();
   cxtP.translate(100,80);
   var x=Math.sin(0);
   var y=Math.cos(0);
   var dig=Math.PI/5*4;
   for(var i=0;i<8;i++)
     {var x=Math.sin(i*dig);
      var y=Math.cos(i*dig);
      cxtP.lineTo(dx+x*s,dy+y*s);}
   cxtP.clip();
  }
```

步骤 4：在 Firefox 中预览效果，如图 9-11 所示，可以看出在显示页面上绘制了一个多边形，图像作为六边形的背景显示，从而实现了对图像的裁剪。

图 9-11　预览效果

9.11.5　练习测评

在 HTML5 中,裁剪图像的方法是_____。

9.11.6　实操编程

动手练习在画布中绘制图像并对此图像进行裁剪。

9.12　图像"故乡"的像素处理

9.12.1　学习目的

掌握在 HTML5 中利用 canvas 结合 JavaScript 采用 getImageData 方法和 putImageData 方法对图像像素进行处理。

9.12.2　使用场景

图像"故乡"的像素处理。

9.12.3　知识要点

9.12.3.1　要点综述

利用 canvas 结合 JavaScript 采用 getImageData 方法和 putImageData 方法对图像像素进行处理。

9.12.3.2　要点细化

在计算机屏幕上可以看到色彩斑斓的图像,其实这些图像都是由一个个像素组成的。一个像素对应着内存中一组连续的二进制位,由于是二进制位,每个位上的取值当然只能是 0 或者 1。这样，这组连续的二进制位就可以由 0 和 1 排列组合出很多种情况，而每一种排列组合就决定了这个像素的一种颜色。因此，每个像素由四个字节组成，这四个字节代表的含义分别是：第一个字节决定像素的红色值，第二个字节决定像素的绿色值，第三个字节决定像素的蓝色值，第四个字节决定像素的透明度值。

在画布中，可以使用 ImageData 对象来保存图像像素值。它有 width，height 和 data 三个属性，其中 data 属性就是一个连续数组。date 属性保存像素值的方法如下：

imageData.data[index*4+0]

imageData.data[index*4+1]

imageData.data[index*4+2]

imageData.data[index*4+3]

上面取出了 data 数组中相邻的四个值，这四个值分别代表图像中第 index+1 个像素的红色值、绿色值、蓝色值和透明度值大小。

画布对象有三种方法用来创建、读取和设置 ImageData 对象，见表 9-8。

表 9-8　创建、读取和设置 ImageData 对象的方法

方法	说明
createImageData(width,height)	在内存中创建一个指定大小的 ImageData 对象（即像素数组），对象中的像素都是黑色透明的，即 rgba(0,0,0,0)
getImageData(x,y,width,height)	返回一个 ImageData 对象，这个 ImageData 对象中包含了指定区域的像素数组
putImageData(data,x,y)	将 ImageData 对象绘制到屏幕的指定区域

9.12.4　案例

9.12.4.1　案例说明

利用 canvas 结合 JavaScript 采用 getImageData 方法和 putImageData 方法对图像像素进行处理。

9.12.4.2　详细步骤

步骤 1：启动 HBuilder，新建 HTML5 文档。

步骤 2：编写源代码。

```
<!DOCTYPE html>
<html>
<head>
  <meta charset="UTF-8"/>
  <title> 图像像素处理 </title>
  <script type="text/javascript" src="script.js"></script>
</head>
<body onLoad="javascript:draw()">
  <h1> 像素处理 </h1>
  <canvas id="mycanvas" width="400" height="300" style="border:2px solid red">
```

```
    your browser does not support the canvas element.
  </canvas>
</body>
</html>
```

步骤 3：编写 JavaScript Document。

```
function draw()
  {var c=document.getElementById("mycanvas");
   if(c==null)
   {return false;}
   var cxt=c.getContext('2d');
   myimg=new Image();
   myimg.src=" 一封家书 .jpg";
   myimg.onload=function()
   {cxt.drawImage(myimg,0,0);
     var imagedata=cxt.getImageData(0,0,myimg.width,myimg.height);
     for(var i=0,n=imagedata.data.length;i<n;i+=4)
       {imagedata.data[i+0]=255-imagedata.data[i+0];
        imagedata.data[i+1]=255-imagedata.data[i+2];
        imagedata.data[i+2]=255-imagedata.data[i+1];}
     cxt.putImageData(imagedata,0,0);
   }
  }
```

步骤 4：在 Firefox 中预览效果，如图 9-12 所示，可以看出在显示页面上显示了一幅图像，显然经过了像素处理，显示没有原来清楚。

图 9-12　预览效果

注：在 JavaScript Document 中创建了以下三个 JavaScript 函数。

（1）函数 draw：完成对画布对象的获取，并在其中创建 Image 对象。

（2）函数 showImg：显示一个图形，并带有裁剪区域。

（3）函数 create8StarClip：完成多边图形的创建，并以此图形作为裁剪的依据。

9.12.5 练习测评

在 HTML5 中,对图像像素进行处理时,_____方法返回一个 ImageData 对象,这个 ImageData 对象中包含了指定区域的像素数组;_____方法将 ImageData 对象绘制到屏幕的指定区域上。

9.12.6 实操编程

动手练习在画布中绘制图像并对此图像的像素进行处理。

9.13 绘制文字 "唐诗《咏柳》"

9.13.1 学习目的

掌握在 HTML5 中利用 canvas 结合 JavaScript 采用 fillText 和 trokeText 方法绘制文字。

9.13.2 使用场景

绘制文字"唐诗《咏柳》"。

9.13.3 知识要点

9.13.3.1 要点综述

利用 canvas 结合 JavaScript 采用 fillText 和 trokeText 方法绘制文字。

9.13.3.2 要点细化

在画布中绘制字符串(文字)的方式与操作其他路径对象的方式相同,可以绘制文本轮廓和填充文本内部。文本绘制的方法见表 9-9。

表 9-9　文本绘制的方法

方法	说明
fillText(text,x,y,maxwidth)	绘制带 fillStyle 填充的文字。text 是文本参数,x 和 y 是文本位置的坐标参数,maxwidth 是可选参数,用于限制字体大小,它会将文本字体强制收缩到指定尺寸
trokeText(text,x,y,maxwidth)	绘制只有 strokeStyle 边框的文字,其参数的含义和方法与 fillText 相同
measureText	返回一个度量对象,其包含了在当前 context 环境下指定文本的实际显示宽度

为了保证文本在各浏览器中能正常显示,在绘制上下文中有以下字体属性:

(1)font:可以是 CSS 字体规则中的任何值,包括字体样式、字体变种、字体大小与粗细、行高和字体名称。

(2)textAlign:控制文本的对齐方式,类似于(但不完全相同)CSS 中的 text-align。可能的取值为 start,end,left,right 和 center。

(3)textBaseline:控制文本相对于起点的位置。可能的取值有 top,hanging,middle,

alphabetic，ideographic 和 bottom。对于简单的英文字母，可以放心地使用 top，middle 或 bottom 作为文本基线。

9.13.4　案例

9.13.4.1　案例说明

利用 canvas 结合 JavaScript 采用 fillText 和 trokeText 方法绘制文字。

9.13.4.2　详细步骤

步骤 1：启动 HBuilder，新建 HTML5 文档。
步骤 2：编写源代码。

```html
<!DOCTYPE html>
<html>
<head>
  <meta charset="UTF-8"/>
  <title> 绘制文字 </title>
</head>
<body>
  <canvas id="mycanvas" width="400" height="200" style="border:2px solid red">
    your browser does not support the canvas element.
  </canvas>
  <script type="text/javascript">
    var c=document.getElementById("mycanvas");
    if(c&&c.getContext){
    var cxt=c.getContext("2d");
    cxt.strokeStyle='rgb(0,0,255)';
    cxt.fillStyle='rgb(255,0,0)';
    cxt.font='italic 25px 黑体 ';
    //textAlign: 文字水平对齐方式(start, end, left, right, center)，默认值 start
    cxt.textAlign='left';
    //textBaseline：文字竖直对齐方式(top, hanging, middle, alphabetic, ideographic, bottom)，默认值 alphabetic
    cxt.textBaseline='top';
    cxt.strokeText(' 咏柳 ',150,20,100);
    cxt.font='bold 25px 宋体 ';
    cxt.fillText(' 碧玉妆成一树高，万条垂下绿丝绦。',0,60,500);
    cxt.fillText(' 不知细叶谁裁出，二月春风似剪刀。',0,100,500);
    }
  </script>
</body>
```

</html>

步骤 3：在 Firefox 中预览效果，如图 9-13 所示，可以看出在显示页面上显示了一个画布边框，画布中显示了两种不同的字符串。第一种以黑体、斜体显示，文字边框为蓝色。第二种以宋体、粗体显示，文字填充为红色。

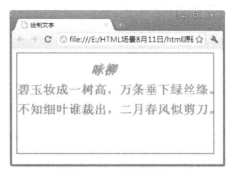

图 9-13　预览效果

9.13.5　练习测评

在 HTML5 画布中绘制文字时，_____方法绘制带 fillStyle 填充的文字，_____方法绘制只有 strokeStyle 边框的文字。

9.13.6　实操编程

动手练习在画布中绘制一首唐诗。

9.14　保存、恢复及输出矩形

9.14.1　学习目的

掌握在 HTML5 中利用 canvas 结合 JavaScript 采用 save 和 restore 方法保存、恢复及输出图形。

9.14.2　使用场景

保存、恢复及输出矩形。

9.14.3　知识要点

9.14.3.1　要点综述

利用 canvas 结合 JavaScript 采用 save 和 restore 方法保存、恢复及输出图形。

9.14.3.2　要点细化

在画布对象中，有两种方法管理绘制状态的当前栈，save 方法把当前状态压入栈中，而

restore 方法从栈顶弹出状态,绘制状态不会覆盖对画布所做的任何操作。其中 save 方法用来保存 canvas 的状态。调用完 save 方法之后,可以调用 canvas 进行平移、缩放、旋转、错切和裁剪等操作。restore 方法用来恢复 canvas 之前保存的状态,防止调用 save 方法后对 canvas 执行的操作影响后续的绘制。save 方法和 restore 方法要配对使用(restore 方法可以比 save 方法少,但不能多),如果 restore 方法调用次数比 save 方法多,会引发错误。

9.14.4 案例

9.14.4.1 案例说明

利用 canvas 结合 JavaScript 采用 save 和 restore 方法保存、恢复及输出图形。

9.14.4.2 详细步骤

步骤 1:启动 HBuilder,新建 HTML5 文档。

步骤 2:编写源代码。

```
<!DOCTYPE html>
<html>
<body>
  <canvas id="mycanvas" width="320" height="240" style="border:2px solid red">
    your browser does not support the canvas element.
  </canvas>
  <script type="text/javascript">
    var c=document.getElementById("mycanvas");
    var cxt=c.getContext("2d");
    cxt.fillStyle="rgb(0,255,0)";
    cxt.save();
    cxt.fillRect(10,20,80,80);
    cxt.fillStyle="rgb(0,0,255)";
    cxt.save();
    cxt.fillRect(110,20,80,80);
    cxt.restore();
    cxt.fillRect(210,20,80,80);
    cxt.restore();
    cxt.fillRect(10,110,80,80);
  </script>
</body>
</html>
```

步骤 3:在 Firefox 中预览效果,如图 9-14 所示,可以看出在显示页面上绘制了四个矩形,其中第一个和第四个矩形为蓝色,第二个和第三个矩形为绿色。

图 9-14　预览效果

9.14.5　练习测评

在 HTML5 画布对象中，有两种方法管理绘制状态的当前栈。_____方法把当前状态压入栈中，用来保存 canvas 的状态；_____方法从栈顶弹出状态，用来恢复 canvas 之前保存的状态。

9.14.6　实操编程

动手练习在画布中保存、恢复及输出图形。

第 10 章 网页表单设计

在 HTML5 中,表单有多个新的表单输入类型,这些新特性提供了更好的输入控制和验证。本章主要讲解表单的基本概以及表单基本元素和高级元素的使用方法。

10.1 创建学生反馈表单

10.1.1 学习目的

掌握在 HTML5 中使用表单基本元素进行网页表单的设计。

10.1.2 使用场景

创建学生反馈表单。

10.1.3 知识要点

10.1.3.1 要点综述

利用表单基本元素文本框、单选按钮、复选框、下拉选择框、email 属性、"提交"按钮及"重置"按钮详细介绍创建学生反馈表单的全过程。

10.1.3.2 要点细化

1. 表单的用途

表单在 HTML 页面中起着重要的作用,是与用户交互信息的主要手段。一个表单至少应该包括说明性文字、用户填写的表格、"提交"按钮和"重置"按钮等内容。其标签为 <form>…</form>。表单的基本语法格式如下:

<form action="url" method="get|post" enctype="mine">

</form>

参数说明:

(1) action="url":指定处理所提交表单的格式,可以是 URL 地址或电子邮件地址。

(2) method="get|post":指明提交表单的 HTTP 方法。

（3）enctype="mine"：指明用来把表单提交给服务器时的互联网媒体形式。

表单是一个能够包含表单元素的区域。通过添加不同的表单元素，表单将呈现不同的效果。

2. 表单的属性设置

在 HTML5 中增加了一些新属性，同时不再支持 HTML4.01 中的一些属性。目前，在 HTML5 中主要支持表 10-1 所示的属性。

表 10-1　表单的属性设置

属性	值	描述
accept-charset	charset-list	表单数据可能的字符集列表（用逗号分隔）
action	URL	定义当点击"提交"按钮时向何处发送数据
autocomplete	on，off	规定是否自动填写表单
enctype	application/x-www-form-urlencoded，multipart/form-data，text/plain	对表单内容进行编码的 MIME 类型
method	get，post，put，delete	向 action URL 发送数据的 HTTP 方法，默认是 get
name	form_name	定义表单唯一的名称
target	_blank，_self，_parent，_top	规定在何处打开目标 URL

在表单中设置属性的方法举例如下：

```
<form action="demo_form.asp" method="get" autocomplete="on">
    first name:<input type="text" name="fname"/><br/>
    last name:<input type="text" name="lname"/><br/>
    e-mail:<input type="email" name="email" autocomplete="off"/><br/>
    <input type="submit"/>
</form>
```

表单中的属性并非所有浏览器都支持。表单属性和浏览器支持对照见表 10-2。

表 10-2　表单属性和浏览器支持对照

Input type	Internet Explorer	Firefox	Opera	Chrome	Safari
autocomplete	8.0	3.5	9.5	3.0	4.0
autofocus			10.0	3.0	4.0
form			9.5		
form overrides			10.5		
height and width	8.0	3.5	9.5	3.0	4.0
list			9.5		
min,max and step			9.5	3.0	
multiple		3.5		3.0	4.0
novalidate					
pattern			9.5	3.0	
placeholder				3.0	3.0
required			9.5	3.0	

由表 10-2 可以看出，在使用表单属性时要考虑浏览器支持性测试的问题。

3. 单行文本框

文本框是一种让访问者自己输入内容的表单对象，通常被用来填写单个字符或者简短的回答，例如用户姓名和地址等。代码格式如下：

<input type="text" name="…" maxlength="…" value="…">

其中：type="text" 定义单行文本框；name 属性定义文本框的名称，要保证数据的准确采集，必须定义一个独一无二的名称；size 属性定义文本框的宽度，单位是单个字符宽度；maxlength 属性定义最多输入的字符数；value 属性定义文本框的初始值。

4. 多行文本框

多行文本框主要用于输入较长的文本信息。代码格式如下：

<textarea name="…" cols="…" rows="…" wrap="…"></textarea>

其中：name 属性定义多行文本框的名称，要保证数据采集准确，必须定义一个独一无二的名称；cols 属性定义多行文本框的宽度，单位是单个字符宽度；rows 属性定义多行文本框的高度，单位是单个字符宽度；wrap 属性定义输入内容大于文本域时的显示方式。

5. 密码框

密码框是一种特殊的文本域，主要用于输入密码信息。当网页浏览者输入文本时，显示的是黑点或者其他符号，这样就增加了输入文本的安全性。代码格式如下：

<input type="password" name="…" size="…" maxlength="…">

其中：type="password" 定义密码框；name 属性定义密码框的名称，要保证唯一性；size 属性定义密码框的宽度，单位是单个字符宽度；maxlength 属性定义最多输入的字符数。

6. 单选按钮

单选按钮主要是控制网页浏览者在一组选项里只能选择一个选项。代码格式如下：

<input type="radio" name=" " value=" ">

其中：type="radio" 定义单选按钮；name 属性定义单选按钮的名称，单选按钮都是以组为单位使用的，在同一组中的单选项必须用同一个名称；value 属性定义单选按钮的值，在同一组中，它们的域值必须是不同的。

7. 复选框

复选框主要是让网页浏览者在一组选项里可以同时选择多个选项。每个复选框都是一个独立的元素，必须有唯一的名称。代码格式如下：

<input type="checkbox" name=" " value=" ">

其中：type="checkbox" 定义复选框；name 属性定义复选框的名称，在同一组中的复选框必须用同一个名称；value 属性定义复选框的值。

提示：checked 属性主要用来设置默认选中的选项。

8. 下拉选择框

下拉选择框主要用于在有限的空间里设置多个选项。下拉选择框既可以用作单选，也可以用作复选。代码格式如下：

<select name="…" size="…" multiple>
　　<option value="…" multiple>
　　　…

</option>

...

</select>

其中：size 属性定义下拉选择框的行数；name 属性定义下拉选择框的名称；multiple 属性表示可以多选，如果不设置该属性，那么只能单选；value 属性定义选择项的值；selected 属性表示默认已经选择该选项。

9. 普通按钮

普通按钮用来控制其他定义了处理脚本的处理工作。代码格式如下：

<input type="button" name="···" value="···" onClick="···">

其中：type="button" 定义普通按钮；name 属性定义普通按钮的名称；value 属性定义按钮的显示文字；onClick 属性表示单击行为，也可以是其他事件，通过制定脚本函数来定义按钮的行为。

10. "提交" 按钮

"提交" 按钮用来将输入的信息提交到服务器。代码格式如下：

<input type="submit" name="···" value="···">

其中：type="submit" 定义 "提交" 按钮，name 属性定义 "提交" 按钮的名称，value 属性定义按钮的显示文字。通过 "提交" 按钮可以将表单里的信息提交给表单中 action 所指向的文件。

11. "重置" 按钮

"重置" 按钮用来重置表单中输入的信息。代码格式如下：

<input type="reset" name="···" value="···">

其中：type="reset" 定义 "重置" 按钮，name 属性定义 "重置" 按钮的名称，value 属性定义按钮的显示文字。

10.1.4 案例

10.1.4.1 案例说明

利用表单基本元素文本框、单选按钮、复选框、下拉选择框、email 属性、"提交" 按钮及 "重置" 按钮创建学生反馈表单。

10.1.4.2 详细步骤

步骤 1：启动 HBuilder，新建 HTML5 文档。

步骤 2：编写源代码。

```
<!DOCTYPE html>
<html>
<head>
  <meta charset="UTF-8">
  <title> 学生反馈表单 </title>
</head>
<body>
```

```
<h1 align="center"> 学生反馈表单 </h1>
<form method="post">
    <p> 姓        名：
        <input type="text" size="12" maxlength="20" name="username"/>
    </p>
    <p> 性        别：
        <input type="radio"  name="sex" value="male"/> 男
        <input type="radio"  name="sex" value="female"/> 女
    </p>
    <p> 年        龄：
        <input type="text" name="age"/>
    </p>
    <p> 所在学院：
        <input type="text" name="xueyuan"/>
    </p>
    <p> 联系电话：
        <input type="text" name="tel"/>
    </p>
    <p> 请选择您感兴趣的专业类型：<br>
    <select name="list" size="3" multiple>
        <option value="professional1"> 计算机系统结构
        <option value="professional2"> 计算机软件与理论
        <option value="professional3"> 计算机应用技术
        <option value="professional4"> 智能科学与技术
    </select>
    <p> 请选择您感兴趣的研究方向：<br>
    <input type="checkbox" name="research" value="research1"> 云计算与虚拟化 <br>
    <input type="checkbox" name="research" value="research2"> 软件需求工程 <br>
    <input type="checkbox" name="research" value="research3"> 高效能计算 <br>
    <input type="checkbox" name="research" value="research4"> 数字图像处理 <br>
    <p> 请输入您的原因（对所选专业及研究方向）：<br>
        <textarea name="reason" cols="50" rows="3"></textarea><br>
        <input type="submit" name="submit" value=" 提交 "/>
        <input type="reset" name="reset" value=" 清除 "/>
    </p>
</form>
</body>
</html>
```
步骤 3：保存网页，在 Firefox 中预览效果，如图 10-1 所示。

图 10-1　预览效果

10.1.5　练习测评

（1）在 HTML5 中，创建表单的标签为_____。

（2）单选按钮主要是控制网页浏览者在一组选项里只能选择一个选项，代码格式为_____。

（3）在定义表单基本元素时，type=_____定义的是"提交"按钮，type=_____定义的是"重置"按钮。

10.1.6　实操编程

利用所学网页表单的基本元素创建一个用户反馈表单。

10.2　创建教师请假表单

10.2.1　学习目的

掌握在 HTML5 中使用表单高级元素进行网页表单的设计。

10.2.2　使用场景

创建教师请假表单。

10.2.3　知识要点

10.2.3.1　要点综述

利用表单高级元素 email，date，number，tel 创建教师请假表单。

10.2.3.2 要点细化

除了基本元素外,HTML5 还有一些高级元素,包括 url,email,time,range,search 等类型 input 元素。对于这些高级元素,Internet Explorer 9.0 浏览器暂时还不支持,下面将用 Opera 11.6 浏览器查看效果。

1. url 类型 input 元素

url 类型的 input 元素用于说明网站的网址,显示为一个文本字段输入 URL 地址。在提交表单时,会自动验证 url 的值。代码格式如下:

`<input type="url" name="…"/>`

2. email 类型 input 元素

email 类型的 input 元素用于输入 E-mail 地址。在提交表单时,会自动验证 email 域的值。代码格式如下:

`<input type="email" name="…"/>`

3. date pickers 类型 input 元素

在 HTML5 中,新增了 data pickers 类型的 input 元素,包括 date,month,week,time,datetime,datetime-local。它们的具体含义见表 10-3。

表 10-3 日期和时间输入类型属性及含义

属性	含义
date	选取日、月、年
month	选取日、月
week	选取周和年
time	选取时间
datetime	选取时间、日、月、年
datetime-local	选取时间、日、月、年(本地时间)

上述输入类型的代码格式类似,以 date 属性为例,代码格式如下:

`<input type="date" name="…"/>`

4. number 类型 input 元素

number 类型的 input 元素提供了一个数字的输入类型,用户可以直接输入数字或者通过单击微调框中的向上或向下按钮选择数字。代码格式如下:

`<input type="number" name="…"/>`

在 Opera 11.6 浏览器中,用户可以直接输入数字,也可以单击微调按钮选择合适的数字。

注:用户可以使用 max,min,step,value 及 required 属性为包含数字或日期的 input 类型规定限定(约束)。max 属性规定输入域所允许的最大值;min 属性规定输入域所允许的最小值;step 属性为输入域规定合法的数字间隔(如果 step="3",则合法的数字是−3,0,3,6 等);value 属性规定默认值;required 属性规定必须在提交之前填写输入域(不能为空)。

required 属性适用于以下类型的 <input> 标签:text,search,url,telephone,email,password,date pickers,number,checkbox,radio 等。

5. range 类型 input 元素

range 类型的 input 元素用来显示滚动的控件。和 number 属性一样,用户可以使用 max,min 和 step 属性控制控件的范围。代码格式如下:

<input type="range" name="…" min="…" max="…"/>

其中,min 和 max 分别控制滚动控件的最小值和最大值。

在 Opera 11.6 浏览器中,用户可以通过拖拽滑块选择合适的数字。

注:默认情况下,滑块位于滚动轴的中间位置。如果用户指定的最大值小于最小值,则允许使用反向滚动轴,目前浏览器对这一属性还不能很好地支持。

6. search 类型 input 元素

search 类型的 input 元素是一种专门用来输入搜索关键词的文本框。代码格式如下:

<input type="search" name="…">

7. tel 类型 input 元素

tel 类型的 input 元素被设计为用来输入电话号码的专用文本框。代码格式如下:

<input type="tel" name="…">

注:tel 没有特殊的校验规则,不强制输入数字,如 0538-66870318。但可以通过 pattern 属性来指定对输入的电话号码格式的验证。

举例:<input type="tel" name="tel1" pattern="0538-66870318">

8. color 类型 input 元素

color 类型的 input 元素用来选取颜色,它提供了一个颜色选取器。目前它只在 Opera 浏览器与 BlackBerry 浏览器中被支持。代码格式如下:

<input type="color" name="…">

10.2.4 案例

10.2.4.1 案例说明

利用表单高级元素 email,date,number,tel 创建教师请假表单。

10.2.4.2 详细步骤

步骤 1:启动 HBuilder,新建 HTML5 文档。

步骤 2:编写源代码。

```
<!DOCTYPE html>
<html>
<head>
  <meta charset="UTF-8">
  <title> 教师请假表单 </title>
</head>
<body>
```

```
<h1 style="text-indent:30mm"> 教师请假表单 </h1>
<form method="post">
  <p> 请假单号：
    <input type="text" size="12" maxlength="20" name="number" required="required"/>
  </p>
  <p> 姓      名：
    <input type="text" size="12" maxlength="20" name="name" required="required"/>
   职称：
    <select name="list" size="1">
      <option value="job1"> 助教
      <option value="job2"> 讲师
      <option value="job3"> 副教授
      <option value="job4"> 教授
    </select>
  </p>
  <p> 联系方式：
    <input type="tel" name="tel1"/>
  </p>
  <p> 电子邮件：
    <input type="email" name="email1"/>
  </p>
  <p> 请假天数：
    <input type="number" name="shuzi" max="15" min="1" value="1" required="required"/>
  </p>
  <p> 开始时间：
<input type="date" name="date1"/>
  <p> 结束时间：
<input type="date" name="date2"/>
  <p> 请假事由：<br>
    <textarea name="reason" cols="50" rows="3" required></textarea><br>
    <input type="submit" name="submit" value=" 提交 "/>
    <input type="reset" name="reset" value=" 清除 "/>
  </p>
</form>
</body>
</html>
```

步骤 3：保存网页，在 Opera 浏览器中预览效果，如图 10-2 所示。

注："请假天数"默认为 1 天，"职称"可通过下拉按钮进行选择。

图 10-2　预览效果

步骤 4：若"请假单号"及"姓名"未填写，点"提交"按钮后，系统提示如图 10-3 所示。

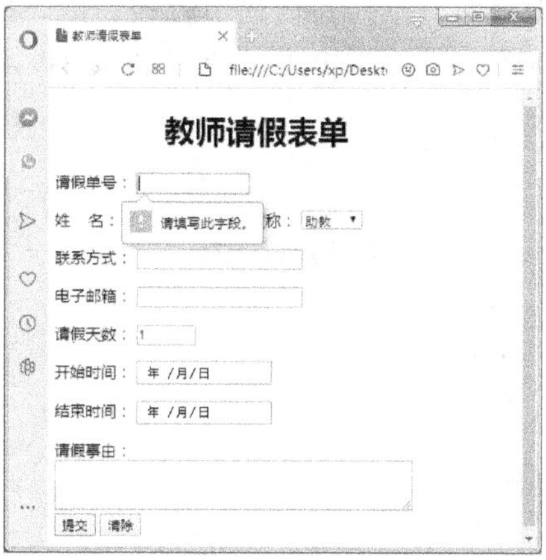

图 10-3　required 属性验证

步骤 5：若"请假天数"大于最大值 15 天，点"提交"按钮后，系统提示如图 10-4 所示。

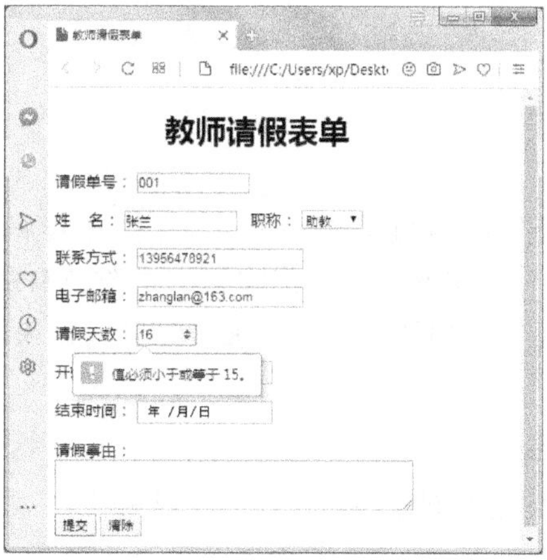

图 10-4　max 属性验证

步骤 6：若"请假天数"小于最小值 1 天，点"提交"按钮后，系统提示如图 10-5 所示。

图 10-5　min 属性验证

步骤 7：用户单击"开始时间"下拉列表框的下拉按钮时，即可在弹出的窗口中选择需要的日期，或者单击最下面的"今天"按钮，则时间为当天的日期，如图 10-6 所示。

图 10-6　时间选择

10.2.5　练习测评

（1）在 HTML5 中，新增了日期和时间输入类型，属性 date 的含义是＿＿＿＿＿＿＿。

（2）在 HTML5 中，＿＿＿＿＿＿＿属性规定必须在提交之前填写输入域（不能为空）。

（3）在 HTML5 中，＿＿＿＿＿＿＿类型的 input 元素被设计为用来输入电话号码的专用文本框。

10.2.6　实操编程

利用所学网页表单的高级元素创建一个学生请假表单。

第 11 章　HTML5 本地存储及离线 Web 应用

在 HTML5 标准之前，Web 存储信息需要 cookie 来完成。cookie 需要等待服务器响应，所以速度慢而且效率不高，不适合大量数据的存储。在 HTML5 中，Web 存储 API 为用户如何在计算机或设备上存储信息做了数据标准的定义。此外，为了能在离线的情况下访问网站，本章还介绍了离线 Web 的相关应用。

11.1　使用 JSON 对象存取用户通信信息

11.1.1　学习目的

掌握在 HTML5 中利用 canvas 结合 JavaScript 采用 JSON 对象存取数据。

11.1.2　使用场景

采用 JSON 对象存取用户的通信信息。

11.1.3　知识要点

11.1.3.1　要点综述

利用 canvas 结合 JavaScript 采用 JSON 对象存取数据。

11.1.3.2　要点细化

localStorage() 方法的相关操作内容如下。

1. 清空 localStorage 数据

localStorage 的 clear() 函数用于清空同源的本地存储数据，如 localStorage.clear()，它将删除所有本地存储的 localStorage 数据。

而 Web Storage 的另外一部分 Session Storage 中的 clear() 函数只清空当前会话存储的数据。

2. 遍历 localStorage 数据

遍历 localStorage 数据可以查看 localStroge 对象保存的全部数据信息。在遍历过程中，需要访问 localStorage 对象的另外两个属性——length 与 key。length 表示 localStorage 对象中保存数据的总量。key 表示保存数据时的键名项，该属性常与索引号（index）配合使用，表示键名对应的数据记录。其中，索引号以 0 值开始，如果取第三条键名对应的数据，则 index 值应该是 2。

取出数据并显示数据内容的代码命令如下：

```
function showInfo(){
var array=new Array();
for(var i=0,i);
    // 调用 key() 方法获取 localStorage 中数据对应的键名
    // 如这里的键名是从 test1 开始递增到 testN 的，那么 localStorage.key(0) 对应 test1
    var getKey=localStorage.key(i);
    // 通过键名获取值，这里的值包括内容和日期
    var getVal=localStorage.getItem(getKey);
    //array[0] 是内容，array[1] 是日期
    array=getVal.split(",");
    ……省略填充……
}
```

获取并保存数据的代码命令如下：

```
var storage=window.localStorage;
for(var i=0,len=storage.length;i<len;i++) {
    var key=storage.key(i);
    var value=storage.getItem(key);
    console.log(key+"="+value);}
```

注意：由于 localStorage 不仅存储了这里所添加的信息，可能还存储了其他信息，那些信息的键名也是以递增数字的形式表示的，如果这里也用纯数字就会覆盖另外一部分信息，所以建议键名都用独特的字符区分开，这里在每个 ID 前加上 test 以示区分。

3. 使用 JSON 对象存取数据

在 HTML5 中可以使用 JSON 对象存取一组相关的对象。使用 JSON 对象可以收集一组用户输入信息，创建 Object 来囊括这些信息，用 JSON 字符串来表示这个 Object，把 JSON 字符串存放在 localStorage 中。当用户检索指定名称时，就会自动用该名称从 localStorage 中取得对应的 JSON 字符串，将字符串解析到 Object 对象，然后依次提取对应的信息，并构造 HTML 文本输入显示。

11.1.4 案例

11.1.4.1 案例说明

利用 canvas 结合 JavaScript 采用 JSON 对象存取数据。

11.1.4.2 详细步骤

步骤 1：启动 HBuilder，新建 HTML5 文档。

步骤 2：编写源代码。

```
<!DOCTYPE html>
<html>
<head>
  <meta charset="UTF-8"/>
  <title> 使用 JSON 对象存取数据 </title>
  <script type="text/javascript" src="objectStorage.js"></script>
</head>
<body>
  <h3> 使用 JSON 对象存取数据 </h3>
  <h4> 填写待存取信息到表格中 </h4>
  <table>
    <tr><td> 姓名：</td><td><input type="text" id="user"></td></tr>
    <tr><td>E-mail：</td><td><input type="text" id="mail"></td></tr>
    <tr><td> 电话：</td><td><input type="text" id="tel"></td></tr>
    <tr><td></td><td><input type="button" value=" 保存 " onClick="saveStorage();"></td></tr>
  </table>
  <hr>
  <h4> 检索已经存入 localStorage 的 json 对象，并展示原始信息 </h4>
  <p>
    <input type="text" id="find">
    <input type="button" value=" 检索 " onClick="findStorage('msg');">
  </p>
  <!-- 以下代码用于显示被检索到的信息 -->
  <p id="msg"></p>
</body>
</html>
```

步骤 3：使用 Firefox 浏览器浏览保存的 HTML 文件，页面显示效果如图 11-1 所示。

步骤 4：编写 JavaScript 脚本代码，在此代码中包含 2 个函数，一个是存数据，一个是取数据。

```
function saveStorage()
  {// 创建一个 JS 对象，用于存放当前从表单获得的数据
   var data=new Object;
   // 将对象的属性值名依次和用户输入的属性值关联起来
   data.user=document.getElementById("user").value;
   data.mail=document.getElementById("mail").value;
   data.tel=document.getElementById("tel").value;
   // 创建一个 JSON 对象，使其对应 HTML 文件中创建的对象的字符串数据形式
```

// 将 JSON 对象存入 localStorage，key 为用户输入的 NAME，value 为这个 JSON 字符串

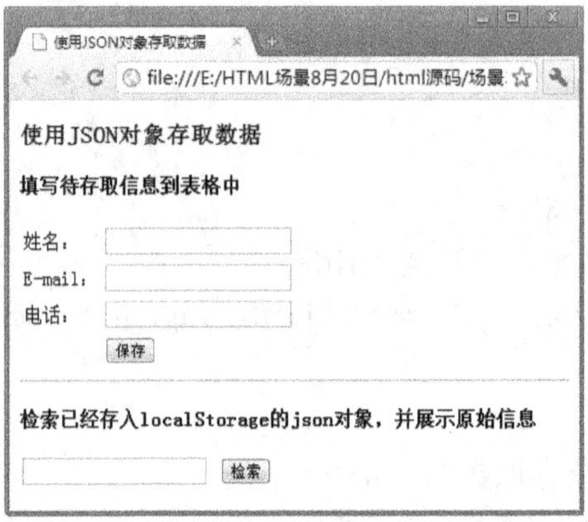

图 11-1　页面显示效果

```
localStorage.setItem(data.user,str);
console.log(" 数据已经保存！被保存的用户名为："+data.user);
}
```

// 从 localStorage 中检索用户输入的名称对应的 JSON 字符串，然后把 JSON 字符串解析为一组信息，并且打印到指定位置

```
function findStorage(id)
    {// 获得用户的输入，是用户希望检索的名字
    var requiredPersonName=document.getElementById("find").value;
    // 以这个检索的名字来查找 localStorage，得到 JSON 字符串
    var str=localStorage.getItem(requiredPersonName);
    // 解析这个 JSON 字符串得到 Object 对象
    var data=JSON.parse(str);
    // 从 Object 对象中分离出相关属性值，然后构造要输出的 HTML 内容
    var result=" 姓名 :"+data.user+'<br>';
    result+="E-mail:"+data.mail+'<br>';
    result+=" 电话 :"+data.tel+'<br>';
    // 取得页面上要输出的容器
    var target=document.getElementById(id);
    // 用刚才创建的 HTML 内容来填充这个容器
    target.innerHTML=result;
    }
```

步骤 5：将 JavaScript 文件和 HTML 文件放在同一目录下，再次打开网页，在表单中依次输入相关内容，单击"保存"按钮，如图 11-2 所示。

图 11-2　填写信息至表格

步骤 6：在检索文本框中输入已经保存的姓名信息，单击"检索"按钮，则在页面下方自动显示保存的用户信息，如图 11-3 所示。

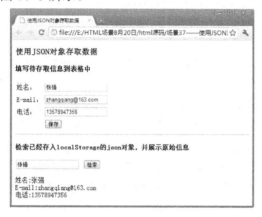

图 11-3　显示用户通信信息

11.1.5　练习测评

在 HTML5 中可以使用＿＿＿＿＿＿＿对象存取数据。

11.1.6　实操编程

动手练习采用 JSON 对象存取学生相关信息。

11.2　WebSQL 数据库应用

11.2.1　学习目的

掌握在 HTML5 中建立 WebSQL 数据库及对数据进行管理。

11.2.2　使用场景

WebSQL 数据库的应用。

11.2.3　知识要点

11.2.3.1　要点综述

在 HTML5 中,创建本地数据库及表,完成数据的插入及管理。

11.2.3.2　要点细化

对简单的关键值或简单对象进行存储,使用本地存储和会话存储能够很好地完成,但处理琐碎的关系数据就需要使用 WebSQL 数据库。

1.　打开和创建数据库

可以使用 openDatabase 方法打开已经存在的数据库,如果数据库不存在,则使用此方法将会创建新数据库。打开或创建数据库的代码命令如下:

var db=openDatabase('mydb','1.0','Test DB',200000);

上述代码的括号中设置了五个参数,其意义分别为:数据库名称、版本号、文字说明、数据库的大小和创建回滚。

注意:如果数据库已经创建了,第五个参数将会调用此回滚操作。如果省略此参数,则仍将创建正确的数据库。

以上代码的意义:创建了一个数据库对象 db,名称是 mydb,版本编号为 1.0。db 还描述了信息和大概的大小值。用户代理可使用这个描述与用户进行交流,说明数据库是用来做什么的。利用代码中提供的大小值,用户代理可以为内容留出足够的存储。如果需要,这个大小是可以改变的。所以没有必要预先假设允许用户使用多少空间。

为了检测之前创建的连接是否成功,可以检查那个数据库对象是否为 null。

if(!db)

alert("Failed to connect to database.");

绝不可以假设该连接已经成功建立,即使过去对于某个用户是成功的。连接失败存在多种原因,可能是用户代理出于安全原因拒绝访问,也可能是设备存储有限。面对活跃而快速进化的潜在用户代理,对用户的机器、软件及其能力做出假设是非常不明智的行为。

2.　执行事务

这里主要以查询事务为例进行介绍。若要执行一个查询,可使用 database.transaction() 函数。此函数需要一个参数,该参数是一个函数。实际执行的查询服务如下:

var db=openDatabase('mydb','1.0','Test DB',200000);

db.transaction(function(tx){

tx.executeSql('CREATE TABLE IF NOT EXISTS LOGS(id unique,log)');

});

3.　插入数据

若要为表插入一些新数据,可以在上面的代码中添加一些语句,具体代码如下:

var db=openDatabase('mydb','1.0','Test DB',200000);

db.transaction(function(tx){

tx.executeSql('CREATE TABLE IF NOT EXISTS LOGS(id unique,log)');

tx.executeSql('INSERT INTO LOGS(id,log) VALUES(1,"foobar")');

tx.executeSql('INSERT INTO LOGS(id,log) VALUES(2,"logmsg")');

```
});
```

4. 数据管理

```
db.transaction(function(tx){
tx.executeSql('SELECT * FROM LOGS',[],function(tx,results){
var len=results.rows.length,i;
msg="<p>Found rows:"+len+"</p>";
document.querySelector('#status').innerHTML+=msg;
for (i=0;i<len;i++){
  msg="<p><b>"+results.rows.item(i).log+"</b></p>";
  document.querySelector('#status').innerHTML+=msg;
  }
},null);
});
```

11.2.4 案例

11.2.4.1 案例说明

创建本地数据库及表,完成数据的插入及管理。

11.2.4.2 详细步骤

步骤 1:启动 HBuilder,新建 HTML5 文档。

步骤 2:编写源代码。

```
<!DOCTYPE html>
<html>
<head>
  <script type="text/javascript">
    var db=openDatabase('mydb','1.0','Test DB',200000);
    var msg;
    db.transaction(function(tx){
    tx.executeSql('CREATE TABLE IF NOT EXISTS LOGS(id unique,log)');
    tx.executeSql('INSERT INTO LOGS(id, log) VALUES(1,"foobar")');
    tx.executeSql('INSERT INTO LOGS(id, log) VALUES(2,"logmsg")');
    msg='<p>Log message created and row inserted.</p>';
    document.querySelector('#status').innerHTML=msg;
    });
    db.transaction(function(tx){
    tx.executeSql('SELECT * FROM LOGS',[],function(tx,results){
    var len=results.rows.length,i;
    msg="<p>Found rows:"+len+"</p>";
    document.querySelector('#status').innerHTML+=msg;
```

```
    for(i=0;i<len;i++){
      msg="<p><b>"+results.rows.item(i).log+"</b></p>";
      document.querySelector('#status').innerHTML+=msg;
      }
    },null);
    });
  </script>
</head>
<body>
  <div id="status" name="status">Status Message</div>
</body>
</html>
```

步骤 3：使用 Chrome 浏览保存的 HTML 文件，页面显示效果如图 11-4 所示。

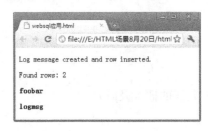

图 11-4　页面显示效果

11.2.5　练习测评

在 HTML5 中可以使用_____方法打开已经存在的数据库，如果数据库不存在，则使用此方法将创建新的数据库。

11.2.6　实操编程

创建本地数据库及表，完成数据的插入及管理工作。

11.3　HTML5 离线 Web 应用

11.3.1　学习目的

了解 HTML5 离线应用程序的基础知识。

11.3.2　使用场景

使用 HTML5 离线 Web 应用构建应用。

11.3.3　知识要点

11.3.3.1　要点综述

使用 HTML5 离线 Web 应用构建应用包括创建记录资源的 manifest 文件、创建构成界面的 HTML 和 CSS、创建离线的 JavaScript、检查 applicationCache 的支持情况、为 Update 按钮添加处理函数、添加 Storage 功能代码及添加离线事件处理程序。

11.3.3.2　要点细化

1. HTML5 离线应用程序概述

为了能在离线的情况下访问网站，可以采用 HTML5 的离线 Web 功能。下面来学习 Web 应用程序如何缓存。

（1）本地缓存。

在 HTML5 中新增了本地缓存，也就是 HTML 离线 Web 应用，主要是通过应用程序缓存整个离线网站的 HTML、CSS、JavaScript、网站图像和资源。如果服务器没有和 Internet 建立连接，也可以利用本地缓存中的资源文件来正常运行 Web 应用程序。

另外，如果网站发生了变化，应用程序缓存将重新加载变化的数据文件。

（2）浏览器网页缓存与本地缓存的区别。

① 浏览器网页缓存主要是为了加快网页加载的速度，所以会对每一个打开的网页进行缓存操作，而本地缓存是为整个 Web 应用程序服务的，只缓存指定缓存的网页。

② 在网络连接的情况下，浏览器网页缓存一个页面的所有文件，但是一旦离线，用户单击链接时，将会得到一个错误消息。而本地缓存在离线时，仍然可以正常访问。

③ 对于网页浏览者而言，浏览器网页缓存了哪些内容和资源，以及这些内容是否安全等都是未知的。而本地缓存的页面是编程人员指定的内容，所以相对比较安全。

（3）支持离线行为。

要支持离线行为，首先要能够判断网络的连接状态，在 HTML5 中引入了一些判断应用程序网络连接是否正常的新事件。对应应用程序的在线状态和离线状态会有不同的行为模式。

用于实现在线状态监测的是 window.navigator 对象的属性。其中的 navigator.online 属性是一个表明浏览器是否处于在线状态的布尔属性：当其值为 true 时并不能保证 Web 应用程序在用户的机器上一定能访问到相应的服务器，而当其值为 false 时，不管浏览器是否真正联网，应用程序都不会尝试进行网络连接。

2. 了解 manifest（清单）文件

客户端的浏览器如何分清应该缓存哪些文件呢？这就需要依靠 manifest 文件来管理。manifest 文件是一个简单的文本文件，在该文代中以清单的形式列举了需要被缓存或不需要被缓存的资源文件的文件名称以及这些资源文件的访问路径。

manifest 文件把指定的资源文件类型分为三类，分别是 CACHE，NETWORK 和 FALLBACK，这三种类型的含义分别如下。

CACHE 类型：该类型指定需要被缓存在本地的资源文件。这里需要特别注意的是，如果为某个页面指定了需要本地缓存的资源文件，就不需要把这个页面本身指定在 CACHE 类型中，因为如果一个页面具有 manifest 文件，浏览器会自动对这个页面进行本地缓存。

NETWORK 类型：该类型为不进行本地缓存的资源文件，只有当客户端与服务器端建立连接的时候才能访问这些资源文件。

FALLBACK 类型：该类型指定两个资源文件，其中一个资源文件为能够在线访问时使用的资源文件，另一个资源文件为不能在线访问时使用的备用资源文件。

以下是一个简单的 manifest 文件内容：

```
CACHE MANIFEST
# 文件的开头必须是 CACHE MANIFEST
CACHE:
123.html
myphoto.jpg
12.php
NETWORK:
http://www.baidu.com/xxx
feifei.php
FALLBACK:
online.js locale.js
```

上述代码的含义分析如下：

（1）指定资源文件，文件路径可以是相对路径，也可以是绝对路径。指定时每个资源文件为独立的一行。

（2）第一行必须是 CACHE MANIFEST，作用是告诉浏览器需要对本地缓存中的资源文件进行具体设置。

（3）每种类型都必须出现，而且同一个类别可以重复出现。如果文件开头没有指定类别而是直接书写资源文件，则浏览器会把这些资源文件视为 CACHE 类别。

（4）在 manifest 文件中，注释行以"#"开始，主要作用是进行一些必要的说明或解释。

为单个网页添加 manifest 文件时，需要在 Web 应用程序页面上 html 元素的 manifest 属性中指定 manifest 文件的 URL 地址。具体代码如下：

```
<html manifest="123.manifest">
</html>
```

添加上述代码后，浏览器就能够正常阅读该文本文件了。

提示：用户可以为每个页面单独指定一个 manifest 文件，也可以对整个 Web 应用程序指定总的 manifest 文件。

上述操作完成后，即可达到资源文件缓存到本地的目的。若要对本地缓存区的内容进行修改，只需修改 manifest 文件即可。文件被修改后，浏览器可以自动检查 manifest 文件，并自动更新本地缓存区中的内容。

3．applicationCache API

传统的 Web 程序中浏览器也会对资源文件进行缓存，但是并不是很可靠，有时达不到预期的效果。而 HTML5 中的 applicationCache 支持离线资源的访问，为离线 Web 应用的开发提供了可能。

使用 applicationCache API 的好处有以下几点：

（1）用户可以在离线时继续使用。

（2）缓存到本地，节省带宽，加速用户体验的反馈。

（3）减轻服务器的负载。

applicationCache API 是一个操作应用缓存的接口，是 Windows 对象的直接子对象 window.applicationcache。window.applicationcache 对象可触发一系列与缓存状态相关的事件，见表 11-1。

表 11-1　window.applicationcache 对象可触发的与缓存状态相关的事件

事件	接口	触发条件	反馈事件
checking	Event	当用户代理检查更新或者在第一次尝试下载 manifest 文件的时候，本事件往往是事件队列中第一个被触发的	noupdate, downloading, obsolete, error
noupdate	Event	检测出 manifest 文件没有更新	无
downloading	Event	用户代理发现更新而且正在获取资源，或者第一次下载 manifest 文件列表中列举的资源	progress, error, cached, updateready
progress	progress Event	用户代理正在下载 manifest 文件中需要缓存的资源	progress, error, cached, updateready
cached	Event	manifest 中列举的资源已经下载完成，而且已经缓存	无
undateready	Event	manifest 中列举的文件已经重新下载并更新成功，接下来 JS 可以使用 swapCache() 方法更新到应用程序中	无
obsolete	Event	manifest 的请求出现 404 或者 410 错误，应用程序缓存被取消	无

此外，没有可用更新或者发生错误时，还有一些表示更新状态的事件：onerror，onnoupdate，onprogress

该对象有一个数值型属性 window.applicationcache.status，代表了缓存状态。缓存状态共有 6 种，见表 11-2。

表 11-2　数值型属性 window.applicationcache.status

数值型属性	缓存状态	含义
0	UNCACHED	未缓存
1	IDLE	空闲
2	CHECKING	检查中
3	DOWNLOAADING	下载中
4	UPDATEREADY	更新就绪
5	OBSOLETE	过期

window.applicationcache 有三个方法，见表 11-3。

表 11-3　window.applicationcache 的三个方法

方法名	描述
update()	发起应用程序缓存下载进程
abort()	取消正在进行的缓存下载
swapCache()	切换成本地最新的缓存环境

注意：调用 update() 方法会请求浏览器更新程序，包括检查新版本的 manifest 文件并下载必要的新资源。如果没有缓存或者缓存已过期，则会抛出错误。

4. 浏览器对 Web 离线应用的支持情况

不同的浏览器版本对 Web 离线应用技术的支持情况是不同的，表 11-4 是常见的浏览器对 Web 离线应用的支持情况。

表 11-4 常见的浏览器对 Web 离线应用的支持情况

浏览器名称	支持 Web 离线应用的浏览器版本
Internet Explorer	Internet Explorer 9.0 及更低版本目前尚不支持
Firefox	Firefox 3.5 及更高版本
Opera	Opera 10.6 及更高版本
Safari	Safari 4 及更高版本
Chrome	Chrome 5.0 及更高版本
Android	Android 2.0 及更高版本

11.3.4 案例

11.3.4.1 案例说明

使用 HTML5 离线 Web 应用构建应用。

11.3.4.2 详细步骤

1. 创建记录资源的 manifest 文件

首先要创建一个缓冲清单文件 test.manifest，文件中列出了应用程序需要缓存的资源，代码如下：

```
CACHE MANIFEST
#javascript
./offline.js
./123.js
./log.js
#stylesheets
./CSS.css
#images
```

2. 创建构成界面的 HTML 和 CSS

下面的程序可实现网页结构，其中需要指明程序中用到的 JavaScript 文件和 CSS 文件，还要调用 manifest 文件，代码如下：

```
<!DOCTYPE html >
<html lang="en" manifest="test.manifest">
<head>
  <meta charset="UTF-8">
  <title> 创建构成界面的 HTML 和 CSS</title>
  <script src="log.js"></script>
  <script src="offline.js">
```

```
<script src="123.js">
<link rel="stylesheet" href="CSS.css"/>
</head>
<body>
  <header>
    <h1>Web 离线应用 </h1>
  </header>
  <section>
    <article>
      <button id="installbutton">check for updates</button>
      <h3>log</h3>
      <div id="info">
      </div>
    </article>
  </section>
</body>
</html>
```

注意：上述代码中有两点需要注意。第一，因为使用了 manifest 特性，所以 HTML 元素不能省略（为了使代码简洁，HTML5 中允许省略不必要的 HTML 元素）。第二，代码中引入了按钮，其功能是允许用户手动安装 Web 应用程序，以支持离线情况。

3.　创建离线的 JavaScript

在网页设计中经常会用到 JavaScript 文件，并通过 <script> 标签引入网页。在执行离线Web 应用时，这些 JavaScript 文件也会一并存储到缓存中，代码如下：

```
<offline.js>
/*
 * 记录 window.applicationcache 触发的每个事件
 */
window.applicationcache.onchecking=
function(e){log("checking for application update");}
window.applicationcache.onupdateready=
function(e){log("application update ready");}
window.applicationcache.onobsolete=
function(e){log("application obsolete");}
window.applicationcache.onnoupdate=
function(e){log("no application update found");}
window.applicationcache.oncached=
function(e){log("application cached");}
window.applicationcache.ondownloading=
function(e){log("downloading application update");}
window.applicationcache.onerror=
```

```
function(e){log("online");},true);
/*
 * 将 applicationcache 状态代码转换成消息
 */
showcachestatus=
function(n){statusmessages=["uncached","idle","checking","downloading","update
ready","obsolete"];
return statusmessages[n];
}
install=function()
{log("checking for updates");
  try{
      window.applicationcache.update();
      } catch(e){
        applicationcache.onerror();
        }
}
onload=function(e){
// 检测所需功能的浏览器支持情况
if(!window.applicationcache) {
log("html5 offline applications are not supported in your browser.");
return;
}
if(!window.localstorage) {
log("html5 local storage not supported in your browser.");
return;
}
if(!navigator.geolocation) {
log("html5 geolocation is not supported in your browser.");
return;
}
log("initial cache status:"+showcachestatus(window.applicationcache.status));
document.getelementbyid("installbutton").onclick=checkfor;
}
<log.js>
log=function(){
var p=document.createElement('p');
var message=array.prototype.join.call(arguments," ");
p.innerHTML=message
document.getElementById('info').appendChild('p');
```

```
}
```

4. 检查 applicationCache 的支持情况

并非所有浏览器都支持 applicationCache 对象，所以在编辑时需要加入浏览器支持性检测功能，并提醒浏览者页面无法访问是浏览器兼容问题，代码如下：

```
onload=function(e){
// 检测所需功能的浏览器支持情况
if(!window.applicationcache) {
log("html5 offline applications are not supported in your browser.");
return;
}
if(!window.localstorage) {
log("html5 local storage not supported in your browser.");
return;
}
if(!navigator.geolocation) {
log("html5 geolocation is not supported in your browser.");
return;
}
log("initial cache status:"+showcachestatus(window.applicationcache.status));
document.getelementbyid("installbutton").onclick=install;
}
```

5. 为 Update 按钮添加处理函数

下面来设置 Update 按钮的行为函数。该函数功能为执行更新应用缓存，具体代码如下：

```
install=function()
{log("checking for updates");
 try{
     window.applicationcache.update();
    } catch(e){
     applicationcache.onerror();
     }
}
```

单击按钮后将检查缓存区，并更新需要更新的缓存资源。所有可用更新都下载完毕后，将向用户界面返回一条应用程序安装成功的提示信息。接下来，用户就可以在离线模式下运行了。

6. 添加 Storage 功能代码

```
var storelocation=function(latitude,longitude){
// 加载 localStorage 的位置列表
var location=json.pares(localstorage.location || "[]");
// 添加地理位置数据
```

```
locations.push({"latitude":latitude,"longitude":longitude});
// 保存新的位置列表
localstorage.locations=json.stringify(locations);}
```

7．添加离线事件处理程序

对于离线 Web 应用程序，在使用时要结合当前状态执行特定的事件处理程序。本实例中的离线事件处理程序设计如下：

（1）如果应用程序在线，事件处理函数会存储并上传当前坐标。

（2）如果应用程序离线，事件处理函数只存储不上传。

（3）当应用程序重新连接到网络后，事件处理函数会在 UI 上显示在线状态，并在后台上传之前存储的所有数据。

代码如下：

```
window.addEventListener("online",function(e){log("online");},true);
window.addEventListener("offline",function(e){log("offline");},true);
```

网络连接状态在应用程序没有真正运行的时候，可能会发生改变。例如用户关闭了浏览器，刷新页面或跳转到了其他网站。为了应对这些情况，离线应用程序在每次页面加载时都会检查与服务器的连接状况。如果连接正常，会尝试与远程服务器同步数据。

```
if(navigator.online) {uploadlocations();}
```

11.3.5　练习测评

在 HTML5 离线应用程序中，manifest 文件把指定的资源文件类型分为三类，分别是_____、_____和_____。

11.3.6　实操编程

创建本地数据库及表，完成数据的插入及管理工作。